建筑工人职业技能培训教材

安装工程系列

安装钳工

《建筑工人职业技能培训教材》编委会 编

中国建材工业出版社

图书在版编目(CIP)数据

安装钳工 /《建筑工人职业技能培训教材》编委会编. —— 北京：中国建材工业出版社，2016.8（2018.5重印）
建筑工人职业技能培训教材
ISBN 978-7-5160-1545-2

Ⅰ. ①安… Ⅱ. ①建… Ⅲ. ①安装钳工—技术培训—教材 Ⅳ. ①TG946

中国版本图书馆 CIP 数据核字(2016)第 145044 号

安装钳工
《建筑工人职业技能培训教材》编委会 编
出版发行：中国建材工业出版社
地　　址：北京市海淀区三里河路 1 号
邮　　编：100044
经　　销：全国各地新华书店
印　　刷：北京雁林吉兆印刷有限公司
开　　本：850mm×1168mm 1/32
印　　张：7.5
字　　数：170 千字
版　　次：2016 年 8 月第 1 版
印　　次：2018 年 5 月第 2 次
定　　价：24.00 元

本社网址：www.jccbs.com　**微信公众号**：zgjcgycbs
本书如出现印装质量问题，由我社市场营销部负责调换。电话：(010)88386906

《建筑工人职业技能培训教材》

编审委员会

主编单位：中国工程建设标准化协会建筑施工专业委员会

黑龙江省建设教育协会

新疆建设教育协会

参编单位：“金鲁班”应用平台

《建筑工人》杂志社

重庆市职工职业培训学校

北京万方建知教育科技有限公司

主　　审：吴松勤　葛恒岳

编写委员：宋道霞　刘鹏华　高建辉　王洪洋　谷明岂

王　锋　郑立波　刘福利　丛培源　肖明武

欧应辉　黄财杰　孟东辉　曾　方　滕　虎

梁泰臣　崔　铮　刘兴宇　姚亚亚　申林虎

白志忠　温丽丹　蔡芳芳　庞灵玲　李思远

曹　烁　李程程　付海燕　李达宁　齐丽香

前　言

《中华人民共和国就业促进法》、国务院《关于加快发展现代职业教育的决定》[国发(2014)19 号]、住房和城乡建设部《关于印发建筑业农民工技能培训示范工程实施意见的通知》[建人(2008)109 号]、住房和城乡建设部《关于加强建筑工人职业培训工作的指导意见》[建人(2015)43 号]、住房和城乡建设部办公厅《关于建筑工人职业培训合格证有关事项的通知》[建办人(2015)34 号]等相关文件，对全面提高工人职业操作技能水平，以保证工程质量和安全生产做出了明确的要求。

根据住房和城乡建设部就加强建筑工人职业培训工作，做出的"到2020 年，实现全行业建筑工人全员培训、持证上岗"具体规定，为更好地贯彻落实国家及行业主管部门相关文件精神和要求，全面做好建筑工人职业技能教育培训，由中国工程建设标准化协会建筑施工专业委员会、黑龙江省建设教育协会、新疆建设教育协会会同相关施工企业、培训单位等，组织了由建设行业专家学者、培训讲师、一线工程技术人员及具有丰富施工操作经验的工人和技师等组成的编审委员会，编写这套《建筑工人职业技能培训教材》。

本套丛书主要依据住房和城乡建设部、人力资源和社会保障部发布的《职业技能岗位鉴定规范》《中华人民共和国职业分类大典(2015 年版)》《建筑工程施工职业技能标准》《建筑装饰装修职业技能标准》《建筑工程安装职业技能标准》等标准要求，以实现全面提高建设领域职工队伍整体素质，加快培养具有熟练操作技能的技术工人，尤其是加快提高建筑业农民工职业技能水平，保证建筑工程质量和安全，促进广大农民工就业为目标，重点抓住建筑工人现场施工操作技能和安全为核心进行编制，"量身订制"打造了一套适合不同文化层次的技术工人和读者需要的技能培训教材。

本套教材系统、全面地介绍了各工种相关专业基础知识、操作技能、安全知识等，同时涵盖了先进、成熟、实用的建筑工程施工技术，还包括了现代新材料、新技术、新工艺和环境、职业健康安全、节能环保等方面的知识，力求做到了技术内容最新、最实用，文字通俗易懂，语言生动简洁，辅以大量直观的图表，非常适合不同层次水平、不同年龄的建筑工人职业技能培训和实际施工操作应用。

丛书共包括了“建筑工程”、“装饰装修工程”、“安装工程”3大系列以及《建筑工人现场施工安全读本》，共25个分册：

一、“建筑工程”系列，包括8个分册，分别是：《砌筑工》《钢筋工》《架子工》《混凝土工》《模板工》《防水工》《木工》和《测量放线工》。

二、“装饰装修工程”系列，包括8个分册，分别是：《抹灰工》《油漆工》《镶贴工》《涂裱工》《装饰装修木工》《幕墙安装工》《幕墙制作工》和《金属工》。

三、“安装工程”系列，包括8个分册，分别是：《通风工》《安装起重工》《安装钳工》《电气设备安装调试工》《管道工》《建筑电工》《中小型建筑机械操作工》和《电焊工》。

本书根据“安装钳工”工种职业操作技能，结合在建筑工程中的实际应用，针对建筑工程施工材料、机具、施工工艺、质量要求、安全操作技术等做了具体、详细的阐述。本书内容包括机械识图与制图，钳工常用机具、仪器，金属材料性能及热处理，钳工基本操作技术，机械零、部件拆装与清洗，传动机构与传动，设备基础安装，设备就位与安装，通用机械设备安装，钳工岗位安全常识，相关法律法规及务工常识。

本书对于加强建筑工人培训工作，全面提升建筑工人操作技能水平具有很好的应用价值，不仅极大地提高工人操作技能水平和职业安全水平，更对保证建筑工程施工质量，促进建筑安装工程施工新技术、新工艺、新材料的推广与应用都有很好的推动作用。

由于时间限制，以及编者水平有限，本书难免有疏漏之处，欢迎广大读者批评指正，以便本丛书再版时修订。

编　者

2016年8月　北京

目录 CONTENTS

第1部分　钳工岗位基础知识

一、机械识图与制图

1. 投影与视图

用灯光或是其他光照射物体，在地面上或墙面上便产生影子，这种现象叫做投影。见图1-1中，S为投影中心，A为空间点，平面P为投影面，S与A点的连线为投射线，SA的延长线与平面P的交点α，称为A点在平面P上的投影，这种方法叫做投影法。

(1)正投影。

用一组平行射线，把物体的轮廓、结构、形状，投影到与射线垂直的平面上，这种方法就叫正投影。见图1-2。

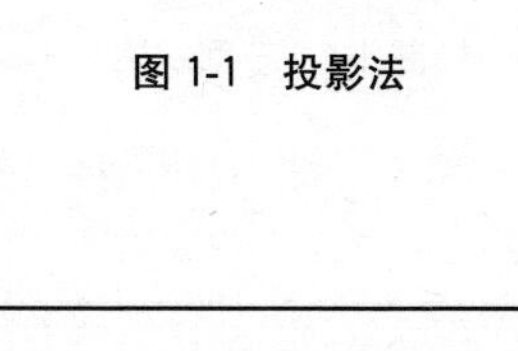

图1-1　投影法

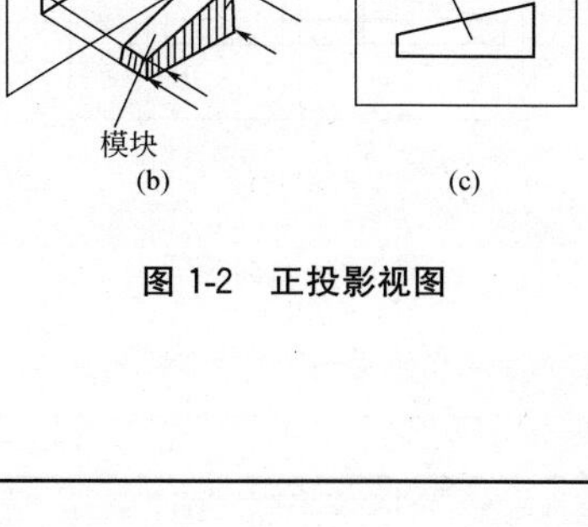

图1-2　正投影视图

(2)两面视图。

两面视图的例子见图1-3。该物体形状比较简单,但用一面视图不能全部表述它的形状和尺寸,因此,必须用两面视图来表示。按主视方向在正面投影所获得的平面图形叫主视图,在左侧方向投影所获得的平面图形叫左视图。为了将两视图构成一个平面,按标准规定,正面不动,左侧面转90°,这样构成了一个完整的两面视图。从两面视图中,可以清楚地看出,主视图表示了物体的长度和高度,左侧视图表示了物体的高度和宽度。

(3)三面视图。

对于比较复杂的物体,只有两面视图不能全部反映物体的形状和尺寸,还需要增加一面视图,这就是由三个相互垂直的投影面构成的投影体系所获得的三面视图。俯视方向在水平面投影所获得的平面图形,叫俯视图。见图1-4。

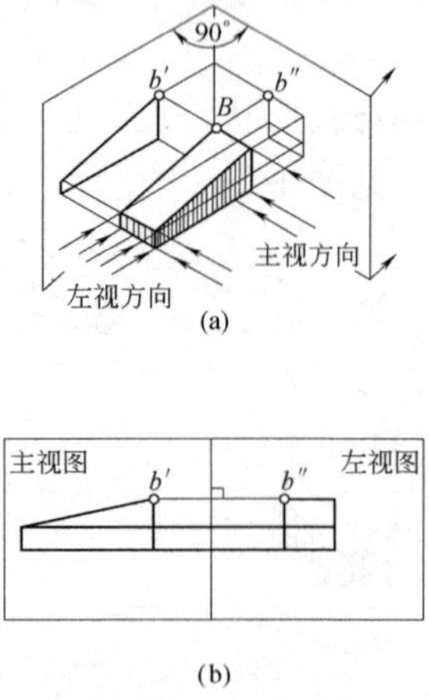

图1-3 两面视图

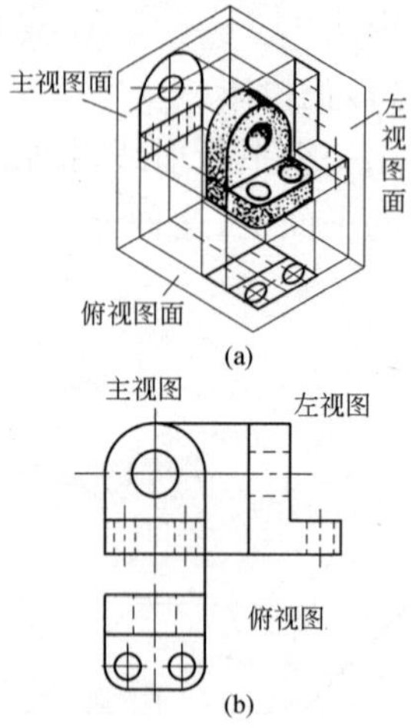

图1-4 三面视图

(4)多面视图。

一般的物体用三面视图即可表明其形状和尺寸,但在实际工作中,特别是机械零件的结构是多种多样的,有的用三面视图还不能正确、完整、清晰地表达清楚,因此,在国家标准中规定了基本视图。视图的表示方法见图1-5,就是采用了正六面体的六个面的基本投影面,分前、后、左、右、上、下六个方向,分别向六个基本投影面做正投影,从而得到六个基本视图。六个视图之间仍保持着与三面视图相同的联系规律,即主、俯、仰、后"长对正",主、左、右、后"高平齐",俯、左、右、仰"宽相等"的规律。

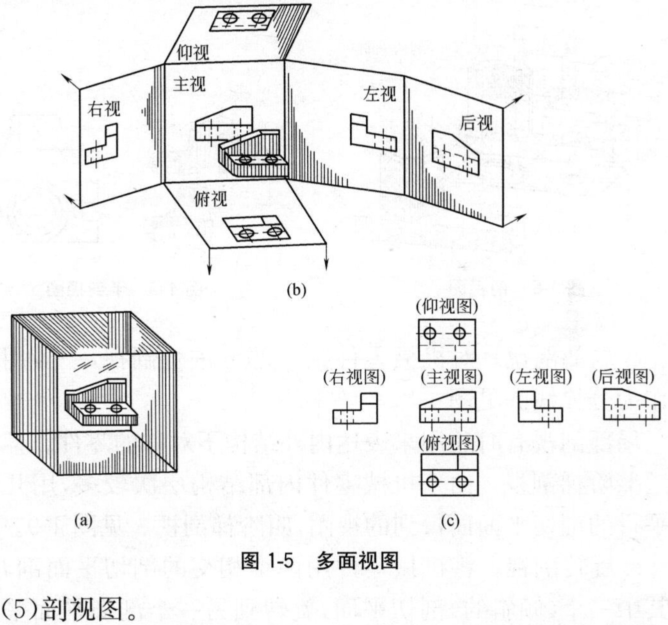

图1-5　多面视图

(5)剖视图。

许多机械零件中具有不同形状的空腔部位,因此,在识图中要看到许多虚线,使内外形状重叠,虚、实线交错,影响视图的清晰,给识图造成一定的困难。为此,国家标准中采用了剖视图的方法，来清晰表示零件的形状和尺寸。

剖视图就是假想用一个剖切平面，在适当部位把机械零件切开，移去前半部分，将余下部分按正投影的方法，得到的视图，叫剖视图，见图 1-6。

①机械识图中常见的剖视图有如下几种：

a. 全剖视。把机械零件整个地剖开后得到的视图，它一般用于外形简单和不对称的零件。

b. 半剖视。对称的部件一般采用半剖视的方法，只剖一半，另一半的外形用对称线作为剖切线的分界线。见图 1-7。

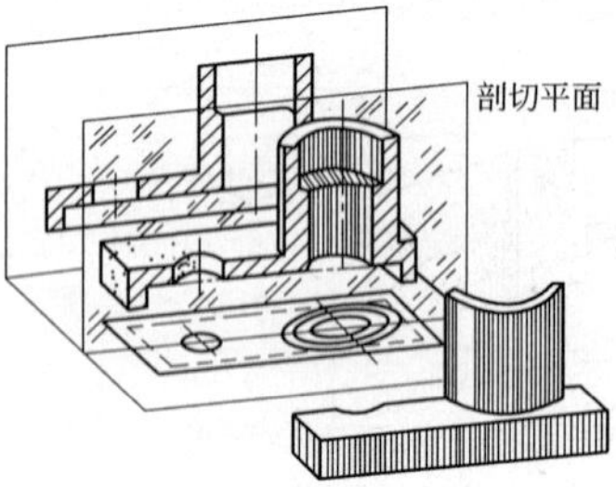

图 1-6 剖视图

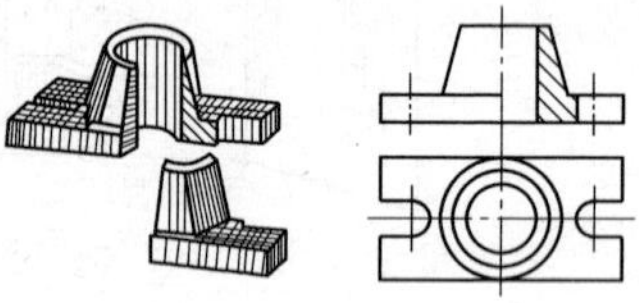

图 1-7 半剖视图

c. 局部剖视。对机械零件某一部分进行剖视，一般用波浪线作为分界线。见图 1-8。

局部剖视有时还用来表达内外结构不对称的零件。

d. 阶梯剖视。由于机械零件内部结构层次较多，用几个互相平行的剖切平面而得到的视图，叫阶梯剖视。见图 1-9。

e. 旋转剖视。将机械零件用两个相交的剖切平面剖开后，把其中一个(倾斜的)剖切平面，旋转到另一个剖切平面平行的位置后，得到的视图，见图 1-10。

②剖视图的标记。

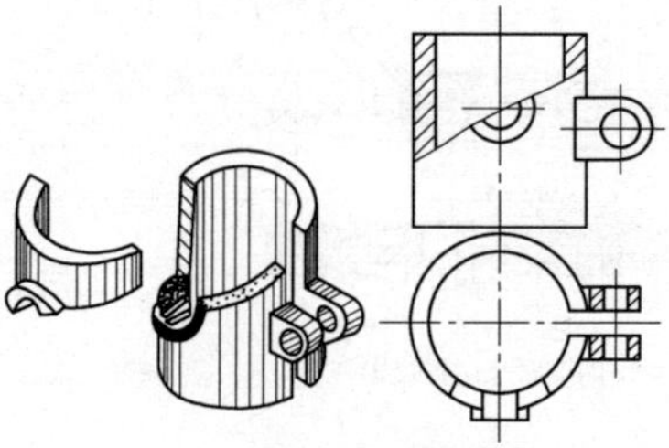

图 1-8 局部剖视图

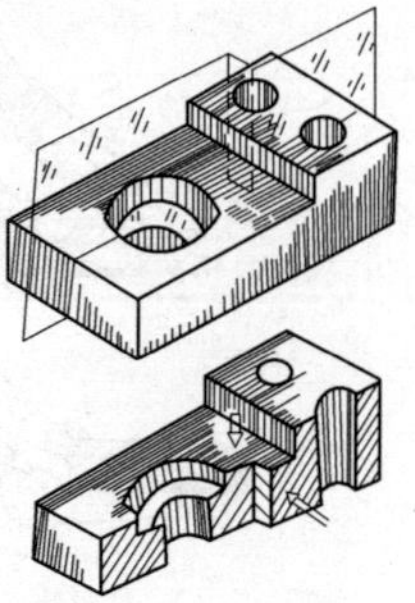

图 1-9 阶梯剖视图

a. 一般应用带字母的剖切符号及箭头标记剖切位置及剖视方向，并在剖视图上方注明标记，见图 1-10、图 1-11。

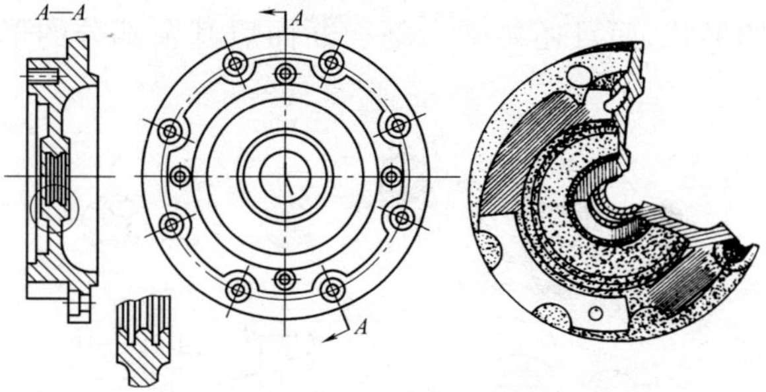

(a) (b)

图 1-10 旋转剖视

b. 当剖切后，视图按正常位置关系配置，中间没有其他视图隔开，箭头可省略。

c. 剖切平面与机件的对称平面重合，且按正常视图关系配置，中间又没有其他视图隔开时，剖切平面连线位置不必进行标记。

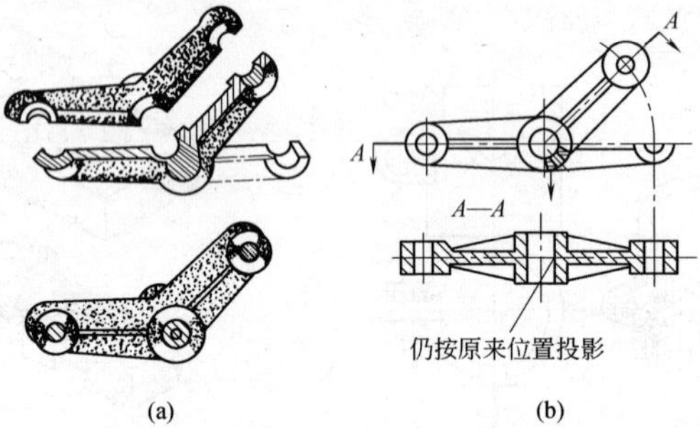

图 1-11 旋转剖视

d. 剖切位置明显的局部视图,可不做标记。

③剖面图。剖面图与剖视图是有区别的,在识图中可以注意到,剖面图要画出被剖切面的形状,而剖视图不仅要画出被剖切断面的形状,而且还要画出剖切断面后其余部分的形状。见图 1-12。

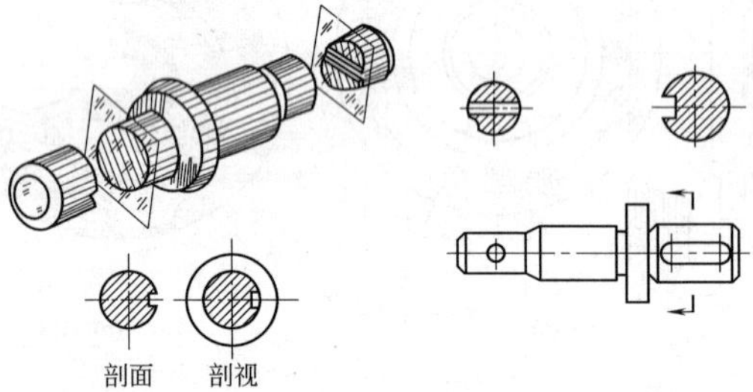

图 1-12 剖面与剖视

2. 机械零件图绘制

零件图是表示零件结构、大小及技术要求的图样。零件图是生产中的基本技术文件,直接指导零件制造、加工和检验的图样。

(1)零件图应具备的内容。

①一组表达零件的视图。用三视图、剖视图、剖面图及其他规定画法,正确、完整、清晰地表达零件的各部分形状和结构。

②零件尺寸。完整、清晰、合理地标注零件制造、检验时的全部尺寸。

③技术要求。用数字、规定符号或文字说明制造、检验时应达到的要求。

④标题栏。说明零件名称、材料、数量、作图比例、设计及审核人员、设计单位等。

(2)零件图的测绘。

零件的测绘是根据实际零件画出草图,用测量工具测量出它的尺寸和确定技术要求,最后画出零件工作图。

(3)画零件草图的具体步骤。

画零件草图的具体步骤见图1-13。

①根据视图数目及实物大小,确定适当的图幅。

②画出各视图的中心线、轴线、基准线,确定各视图位置。各视图之间要留有足够余地以便标注尺寸,右下角要画出标题栏。

③从主视图开始,先画出各视图的主要轮廓线,后画细部,画图时要注意各视图间的投影关系。

④选择基准,画出全部尺寸界线、尺寸线和箭头,并标注零件各部分的表面粗糙度。

⑤测量尺寸,确定技术要求,填写尺寸数值,把技术要求写在标题栏上方。

⑥仔细检查草图后,描深并画剖面线,填写标题栏。

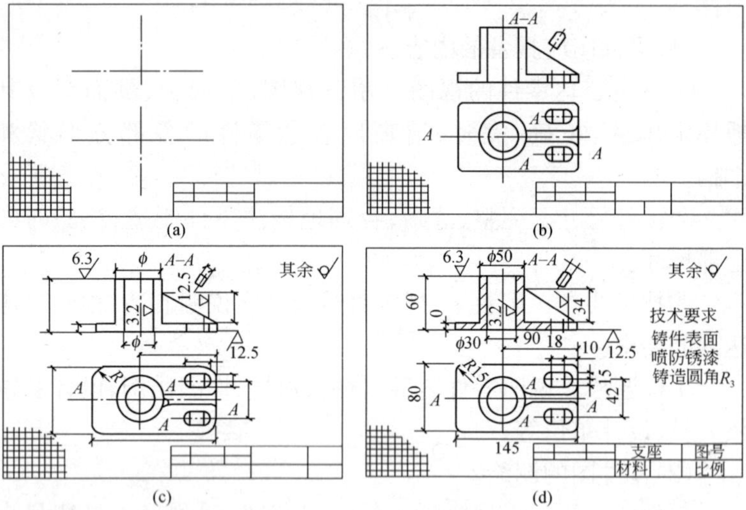

图 1-13 画零件草图的步骤

(4)画零件图。

画零件图的步骤与画草图的步骤基本相同,不同之处在于画零件图时,要根据草图中视图的数目,选择国家标准所规定的适当比例和合适的标准图幅,并画出图框。

(5)尺寸标注。

①基本规则。图样中的尺寸,以毫米为单位时,不需要标注计量单位的代号“mm”或名称“毫米”;如采用其他单位则应标注计量单位或名称。

图样中所标注的尺寸,为该图样所示机件的最后完工尺寸,否则应另加说明。机件的每一尺寸,一般只标注一次。尽量避免在不可见轮廓线上标注尺寸。

②组成尺寸的三要素。尺寸是由尺寸界线、尺寸线和尺寸数字三个要素组成。

尺寸界线用以表示所标注尺寸的界线，用细实线绘制。尺寸界线应由图形的轮廓线、轴线或对称中心线处引出。尺寸界线一般应与尺寸线垂直，必要时才允许倾斜。

尺寸线用以表示尺寸范围，即起点和终点，尺寸线用细实线绘制，尺寸线不能用其他图线代替，也不得与其他图线重合或画在其延长线上。

尺寸数字一般应注写在尺寸线上方或下方中间处，也允许注在尺寸线的中断处。线性尺寸数字不可被任何图线穿过，否则必须将图线断开。

(6)零件图的技术要求。

零件图的技术要求主要有表面粗糙度、极限与配合、形状公差与位置公差。

①表面粗糙度。表面粗糙度是指零件的加工表面的微观几何形状误差。它对零件的耐磨性、耐腐蚀性、抗疲劳强度、零件之间的配合等都有影响。

国家标准（GB/T 1031—2009 及 GB/T 131—2006）对零件表面粗糙度的参数、符号及表示方法有如下规定：

a. 表面粗糙度的参数。

(a)轮廓算术平均偏差（R_a）：在取样长度内，测量方向上轮廓线上的点与基准线之间距离绝对值的算术平均值。

(b)微观不平度 10 点高度（R_z）：在取样长度内，5 个最大的轮廓线峰高的平均值与 5 个最大的轮廓谷深的平均值之和。

(c)轮廓最大高度（R_y）：在取样长度内，轮廓顶峰和轮廓谷底线之间的距离。

b. 表面粗糙度代号的注法。表面粗糙度代号包括表面粗糙度的符号、参数值及其他有关数据，注法见表 1-1。

表 1-1　表面粗糙度参数及其他有关规定的标注示例

代号示例	意义说明	代号示例	意义说明
	用任何方法获得的表面，R_a 的最大允许值为 3.2μm R_a 为最常用参数符号，可省略不注	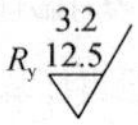	用去除材料方法获得的表面，R_a 的最大允许值为 3.2μm，R_y 的最大允许值为 12.5μm，R_y 和 R_z 参数符号必须标注
	用不去除材料方法获得的表面，R_a 的最大允许值为 3.2μm	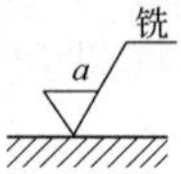	加工方法规定为铣制
	用去除材料方法获得的表面，R_a 的最大允许值为 3.2μm	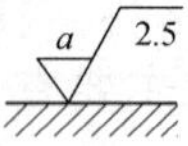	取样长度为 2.5mm
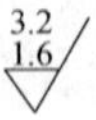	用去除材料方法获得的表面，R_a 的最大允许值为 3.2μm，最小允许值为1.6μm	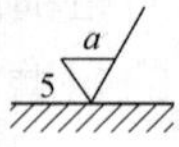	加工余量为 5mm

②极限与配合的基本概念。

a. 偏差。指某一尺寸(实际尺寸、极限尺寸等)减去其基本尺寸所得的代数差，偏差值可为正值、负值或零。

b. 极限偏差。指上偏差和下偏差。上偏差是指最大极限尺寸减去其基本尺寸所得的代数差，其代号：孔为 ES，轴为 es。下偏差是指最小极限尺寸减去其基本尺寸所得的代数差，其代号为：孔为 EI，轴为 ei。

c. 尺寸公差。允许尺寸的变动量，即最大极限尺寸与最小极限尺寸之差。见图 1-14，轴的尺寸 50±0.008。

上偏差　$es=50.008-50=+0.008$

下偏差　$ei=49.992-50=-0.008$

最大极限尺寸＝50＋0.008＝50.008

最小极限尺寸＝50－0.008＝49.992

尺寸公差＝50.008－49.992＝0.008－(－0.008)＝0.016

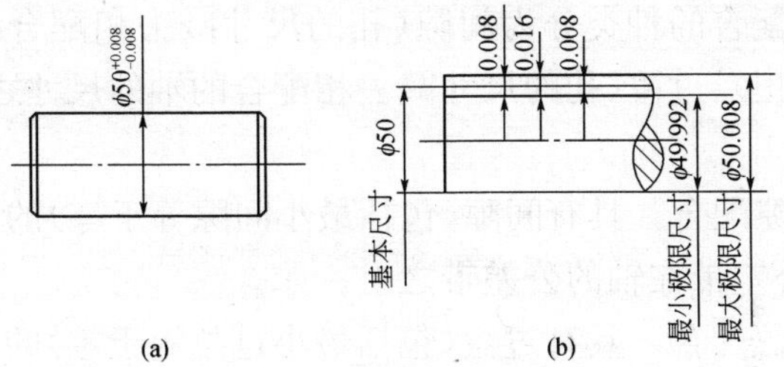

图 1-14　轴的尺寸公差

(a)零件图；(b)示意图

d. 公差带。在公差带示意图中(图 1-15)，零线是表示基本尺寸的一条直线。当零线画成水平位置时，正偏差位于其上，负偏差位于其下。

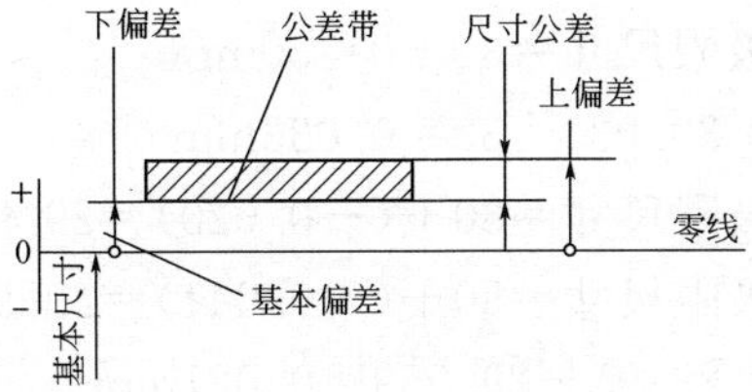

图 1-15　公差带示意图

③标准公差与基本偏差。

a. 标准公差。在极限与配合标准中所规定的任一公差。标准公差分 18 个等级，即 IT1、IT2 至 IT18。IT 表示标准公差，公差等级的代号用阿拉伯数字表示。其中 IT1 级最高，IT18 级最低，标准公差数值由基本尺寸和公差等级确定。

b. 基本偏差。用以确定公差带相对于零线位置的上偏差或下偏差，一般为靠近零线的那个偏差。

④配合。基本尺寸相同的、相互结合的孔和轴公差带之间的关系。配合的种类分为间隙(孔的尺寸减去相配合的轴的尺寸之差为正)、过盈(孔的尺寸减去相配合的轴的尺寸之差为负)和过渡。

a. 间隙配合。具有间隙(包括最小间隙等于零)的配合。此时，孔的公差带在轴的公差带之上。

b. 过盈配合。具有过盈(包括最小过盈等于零)的配合。此时，孔的公差带在轴的公差带之下。

c. 过渡配合。可能具有间隙或过盈的配合。此时，孔的公差带与轴的公差带相互交叠。

例如：已知基本尺寸孔 $\phi 30$，上偏差为＋0.033，下偏差为 0。轴的基本尺寸 $\phi 30$，上偏差为－0.020，下偏差为－0.041，则：孔的最大极限尺寸＝30＋0.033＝30.033mm

孔的最小极限尺寸＝30＋0＝30mm

孔的公差＝30.033－30＝0.033mm

轴的最大极限尺寸＝30＋(－0.020)＝29.98mm

轴的最小极限尺寸＝30＋(－0.041)＝29.959mm

轴的公差＝29.98－29.959＝0.021mm

因为孔的下偏差大于轴的上偏差，所以该配合属于间隙配合。

⑤配合基准制。

a. 基孔制配合。基本偏差为一定的孔的公差带，与不同基本偏差的轴的公差带形成各种配合的一种制度。基孔制的孔称为基准孔，用代号 H 表示，孔的最小极限尺寸与基本尺寸相等，见图 1-16。

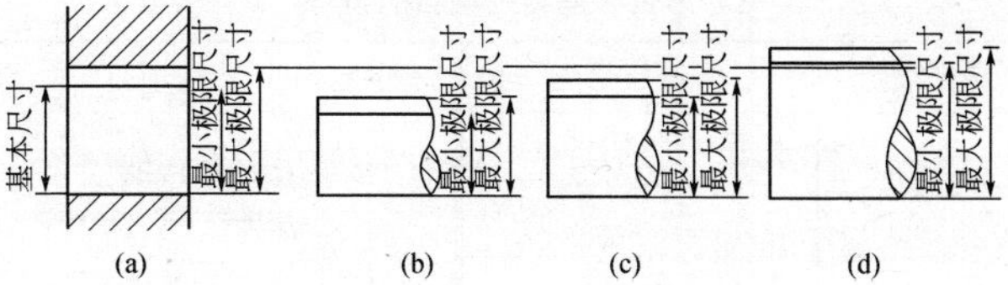

图 1-16 基孔制配合

(a)基准孔;(b)间隙配合;(c)过渡配合;(d)过盈配合

b. 基轴制配合。基本偏差为一定的轴的公差带,与不同基本偏差的孔的公差带形成各种配合的一种制度。基轴制的轴称为基准轴,用代号 h 表示。轴的最大极限尺寸与基本尺寸相等,见图 1-17。

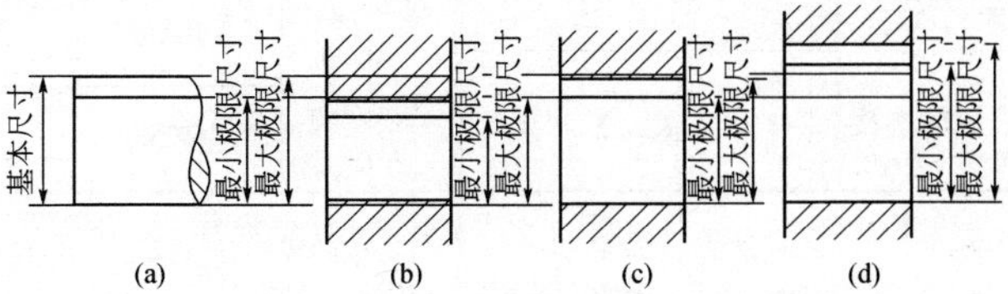

图 1-17 基轴制配合

(a)基准轴;(b)过盈配合;(c)过渡配合;(d)间隙配合

⑥形状和位置公差(形位公差)。

a. 形状公差。单一实际要素的形状所允许的变动量。

b. 位置公差。关联实际要素的位置对基准所允许的变动量。

形位公差的表示方法是用细实线画出,由若干个小格组成,框格从左到右填写的内容是:第一格表示形位公差特征符号;第二格表示形位公差数值和有关符号;第三格表示基准符号和有关符号。形位公差的特征项目的符号见表 1-2。

表 1-2　　形位公差特征项目的符号

分类	特征项目	符　号	分类		特征项目	符　号
形状公差	直线度	—	位置公差	定向	平行度	//
	平面度	⏥			垂直度	⊥
	圆度	○			倾斜度	∠
	圆柱度	⌭		定位	同轴度	◎
	线轮廓度	⌒			对称度	⌯
	面轮廓度	⌓			位置度	⌖
				跳动	圆跳度	↗
					全跳动	⌰

3. 机械设备装配图识读

表达部件或机器这类产品及其组成部分的连接、装配关系的图样称为装配图。

一张装配图要表示部件的工作原理、结构特点以及装配关系等，需要有如下内容：一组视图、一组尺寸、技术要求、零件编号、明细栏和标题栏。

(1)装配图的规定画法。

①相邻零件的接触表面和配合表面只画一条粗实线，不接触表面和非配合表面应画两条粗实线。

②两个(或两个以上)金属零件相互邻接时，剖面线的倾斜方向应当相反，或者以不同间隔画出。

③同一零件在各视图中的剖面线方向和间隔必须一致。

④当剖切平面通过螺钉、螺母、垫圈等标准件及实心件(如轴、键、销等)基本轴线时,这些零件均按不剖绘制,当其上孔、槽需要表达时,可采用局部剖视。当剖切平面垂直于这些零件的轴线时,则应画剖面线。

(2)装配图的尺寸标注。

装配图一般应标注下列几方面的内容:

①特性、规格尺寸。表明部件的性能或规格的尺寸。

②配合尺寸。表示零件间配合性质的尺寸。

③安装尺寸。将零件安装到其他部件或基座上所需要的尺寸。

④外形尺寸。表示部件的总长、总宽和总高的尺寸(装配图的外形轮廓尺寸)。

⑤相对位置尺寸。表示装配图中零件或部件之间的相对位置。

⑥主要尺寸。部件中的一些重要尺寸,如滑动轴承的中心高度等。

(3)明细栏。

明细栏是部件的全部零件目录,将零件的编号、名称、材料、数量等填写在表格内,明细表格及内容可由各单位具体规定,明细栏应紧靠在标题栏的上方,由下向上顺序填写零件编号。

(4)画装配图的步骤。

以图1-18所示为例说明画装配图的方法和步骤。

①对所表达的部件进行分析。画装配图之前,必须对所表达的部件的功用、工作原理、结构特点、零件之间的装配关系及技术条件等进行分析、了解,以便着手考虑视图表达方案。

②确定表达方案。对所画的部件有清楚的了解之后,就要

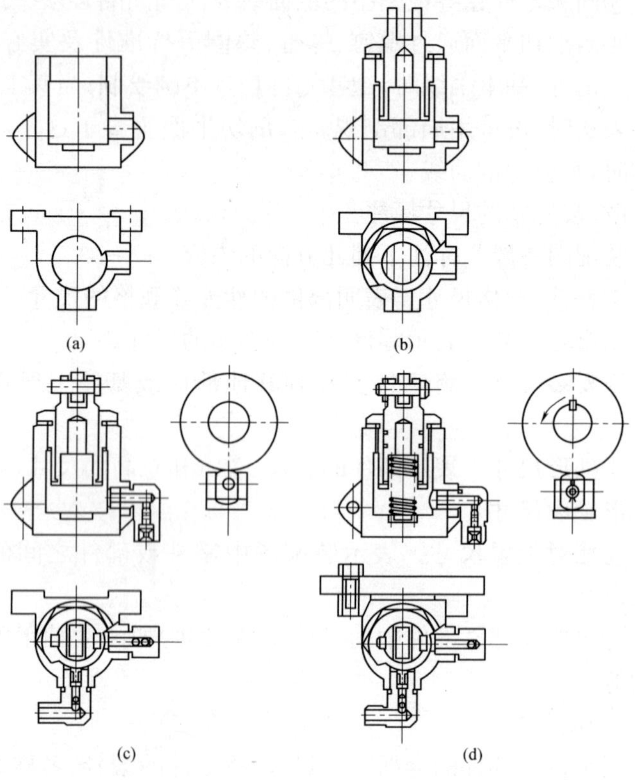

图 1-18　画装配图的方法和步骤

(a)画主体零件；(b)画零件轮廓；(c)A 向视图及零件；(d)画其他零件

运用视图选择原则，确定表达方案。本例采用全剖视作为主视图，而在俯视图上采用了局部剖视，另加了 A 向局部视图。

③作图步骤。确定了表达方案，即可开始画装配图。作图步骤如下：

a. 根据部件大小、视图数量，决定图的比例以及图纸幅面。

画出图框并定出标题栏、明细栏的位置。

b. 画各视图的主要基线，例如主要的中心线、对称线或主要端面的轮廓线等。确定主要基线时，各视图之间要留有适当的间隔，并注意留出标注尺寸、编号位置等，见图1-18(a)。

c. 画主体零件(泵体)。一般从主视图开始，几个基本视图配合进行画图，见图1-18(a)。

d. 按装配关系，逐个画出主要装配线上的零件的轮廓。例如柱泵中的柱塞套、垫片及柱塞等，见图1-18(b)。

e. 依次画出其他装配线上的零件，如小轴、小轮及进出口单向阀等，并画出A向视图，见图1-18(c)。

f. 画其他零件及细节，如弹簧、开口销及倒角、退刀槽等，见图1-18(d)。

g. 经过检查以后描深、画剖面线、标注尺寸及公差配合等。

h. 对零件进行编号，填写明细栏、标题栏及技术条件等。

(5)识读装配图的主要要求。

了解机器或部件的名称、结构、工作原理和零件间的装配关系；了解零件的主要结构形状和作用。

(6)识读装配图的方法和步骤。

①初步了解部件的作用及其组成零件的名称和位置。

看装配图时，首先概括了解一下整个装配图的内容。从标题栏了解此部件的名称，再联系生产实践知识可以知道该部件的大致用途。

②表达分析。

根据图样上的视图、剖视图、剖面图等的配置和标注，找出投影方向、剖切位置，搞清各图形之间的投影关系以及它们所表示的主要内容。

③工作原理和装配关系分析。

这是深入阅读装配图的重要阶段，要搞清部件的传动、支承、调整、润滑、密封等结构形式。弄清各有关零件间的接触面、配合面的连接方式和装配关系，并利用图上所注的公差或配合代号等，进一步了解零件的配合性质。

④综合考虑，归纳小结。

对装配图进行上述各项分析后，一般对该部件已有一定的了解，但还可能不够完全、透彻。为了加深对所看装配图的全面认识，还需要从安装、使用等方面综合进行考虑。

a. 部件的组成和工作原理以及在结构上如何保证达到要求。

b. 部件上各个零件的装拆。

c. 上述看装配图的方法和步骤仅是一个概括的说明，实际上看装配图的几个步骤往往是交替进行的。只有通过不断实践，才能掌握看图的规律，提高看图的能力。

二、钳工常用机具、仪器

1. 一般机具

(1)砂轮机。

砂轮机是用来打磨刃具、工具和工件打光去薄的机具。主要由砂轮、电动机和机体组成，分手提式和固定式两种。

使用砂轮机时，应注意下列要求：

①砂轮机应安装安全防护罩，以防砂轮片断裂伤人。

②在砂轮机上磨削刃具和工件时，用力要适当，不能过猛。

③新装砂轮片应符合砂轮片质量要求，两面夹板不小于砂轮直径的一半。砂轮片眼孔与轴配合应紧密，宜用双螺母固定，拧紧螺母时用力要适当。新装砂轮片要空转几分钟，完好后再

投入使用。

④不准两人同时使用一个砂轮，操作时，人站立的位置应与砂轮机中心线成45°角，并用砂轮的外圆表面磨削。

(2)台虎钳。

台虎钳主要用来夹持工件，以便于锯割、锉削、铲削等钳工操作。

台虎钳多用铸铁制成，由固定部分、活动部分和钳口等组成，见图1-19。固定部分由固定夹脚2和螺母5组成，用螺栓固定在钳工工作平台上。活动部分由手柄7、固定环6、螺杆4、活动夹脚1及钳口3等组成。

钳口是用硬质钢制成的两块齿板，分别用螺钉镶在台虎钳夹口的两面，使工件夹在两齿板间不易滑动，以便于操作。当夹持精制工件或软金属时，其表面易被两齿板夹坏，因此，要用铜、铝作护口来保护，以免损坏工件，见图1-20。

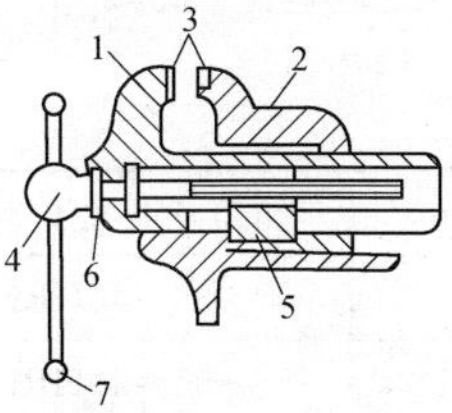

图1-19 台虎钳

1—活动夹脚；2—固定夹脚；3—钳口；
4—螺杆；5—螺母；6—固定环；7—手柄

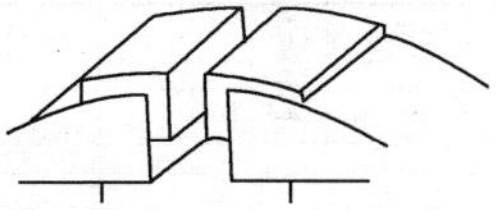

图1-20 钳口护口

台虎钳使用要求：

①台虎钳的大小是用钳口的宽度来表示的。台虎钳夹持工件的松、紧用力应根据工件的要求和台虎钳的大小决定，不能盲目用力，更不能使用套管、锤击等方法旋紧手柄，以防损坏台虎

钳。非台虎钳能力所能胜任的(过大工件),不能勉强夹持。若工件宽度超过钳口宽度过多,需用其他支持物支撑时,不应使钳口受力过大。

②台虎钳的螺杆要经常加油,保持良好的润滑,以便活动夹脚移动自由。

③工件应夹在台虎钳中间,否则要在另一边放上等厚的木块或金属块,以便夹持力均匀,不损坏台虎钳。

④由于钳口是由硬质钢制成的,当夹持精制工件或软金属时,要用铜、铝或铅作护口来保护,避免工件损坏。

(3)扳手。

扳手是用来拆装螺栓的。常用的扳手有:螺母扳手,长柄、短柄装配扳手,呆扳手,直柄、弯柄套筒扳手,棘轮扳手,调节扭矩扳手,管子扳手,螺柱扳手等。

①螺母扳手。扳手用 40CrMoV、40Cr 和 45 号钢制作。螺母扳手见表 1-3。

表 1-3　螺母扳手

硬度等级	钳口开度小于 36mm	钳口开度大于 36mm
1	44～50HRC	39～45HRC
2	40～45HRC	35～40HRC

螺母扳手的接长套管,见图 1-21,可用钢管制作,或使用 35 号钢板卷制。

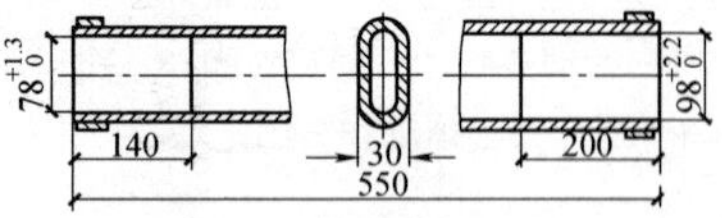

图 1-21　接长套管

②长柄、短柄装配扳手。它有直柄和弯柄两种,用于装卸直径 12mm、16mm、18mm、20mm、22mm、24mm、27mm 及 30mm 的螺栓。见图 1-22。

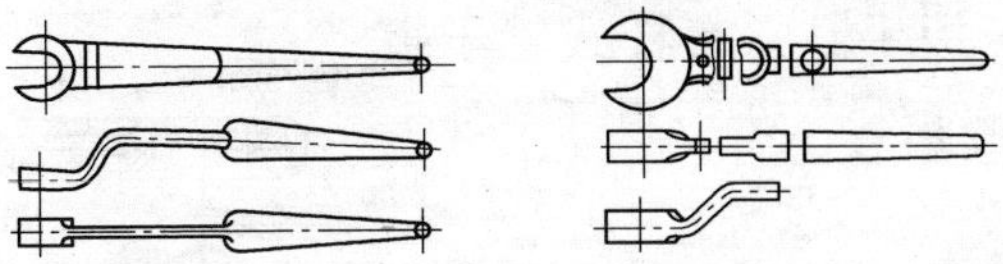

(a)　　(b)

图 1-22　装配扳手

(a)长柄；(b)短柄

③呆扳手。用于装卸直径16mm、18mm、20mm、22mm、24mm、27mm 及30mm的螺栓。见图 1-23。

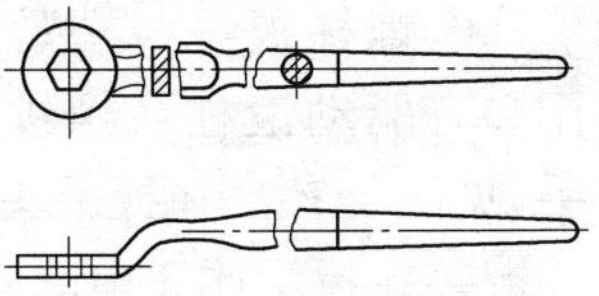

图 1-23　呆扳手

装配扳手用优质碳素结构钢制作。扳手钳口及手柄 50mm 段须淬火，保持硬度为40～50HRC。

④直柄、弯柄套筒扳手。它用于装卸密集处或死角部位的方形螺母及六角螺母。其规格见表 1-4。

表 1-4　直柄、弯柄套筒扳手

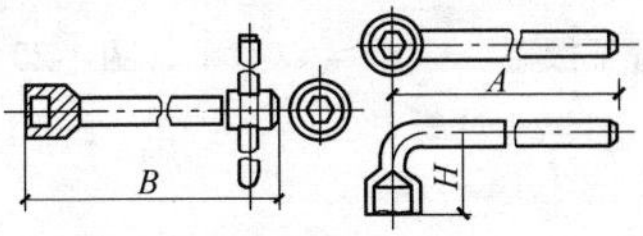

螺栓直径(mm)		6	8	10	12	16	20	24	30
扳手尺寸(mm)	A	130	150	160	200	240	260	300	350
	H	60	65	70	75	80	85	90	100
	B	125	125	130	150	180	210	240	260

⑤棘轮扳手。主要用在密集部位装卸螺母，工作端部为四方或六方螺母孔。见图 1-24。

⑥调节扭矩扳手。它可使传递到螺母上的力不超过既定力矩值。当力矩值超限时，则扳手即脱开。

⑦管子扳手。它有杆式管子扳手(图 1-25),外卡管子扳手(图 1-26)。

链式管子扳手(图 1-27),活动管子扳手(图 1-28)。钳口及牙的硬度为40～50HRC。

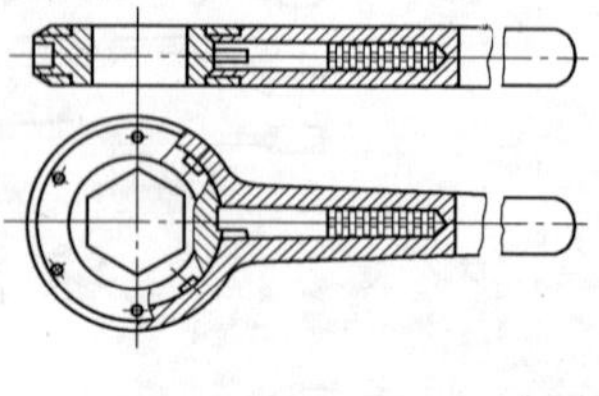

图 1-24　棘轮扳手

⑧螺柱扳手。松紧螺柱可以使用装有驱动滚柱或螺纹的短管的扳手,见图 1-29。在扳手头部有三只滚柱 1,由夹圈 2 予以支撑,并镶装在扳手体 3 中的三条螺线槽内,扳手方头上装有附手柄 5 的柄杆 4。松紧螺柱时,以左手把稳可以自由回转的短管 6,同时用右手握住柄 5 使其回转。

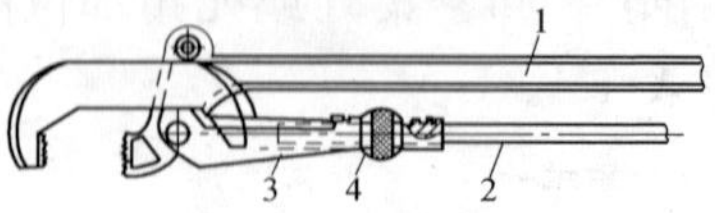

图 1-25　杆式管子扳手

1—固定杆;2—动杆;3—外套;4—螺母

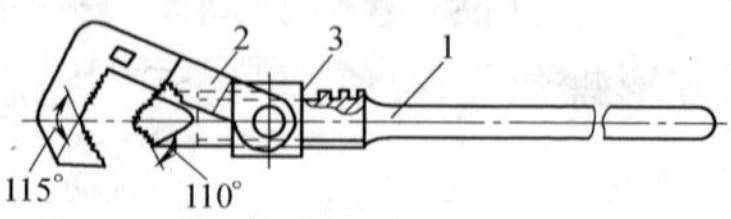

图 1-26　外卡管子扳手

1—手柄;2—卡头;3—螺母

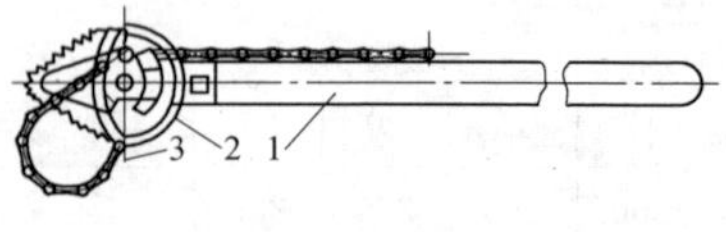

图 1-27　链式管子扳手

1—手柄;2—卡头;3—链条

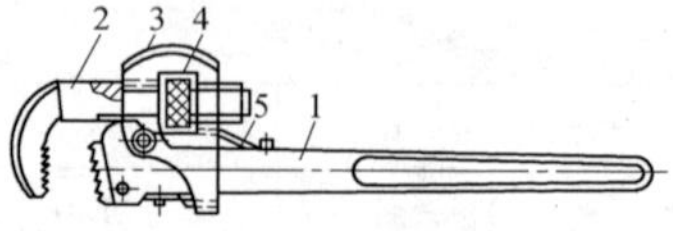

图 1-28　活动管子扳手

1—手柄;2—活动钳口;3—外套;4—螺母;5—弹簧片

(4)手电钻。

手提式电钻基本上分为两种:一种是微型电钻,另一种是电动冲击钻,见图 1-30 和图 1-31。

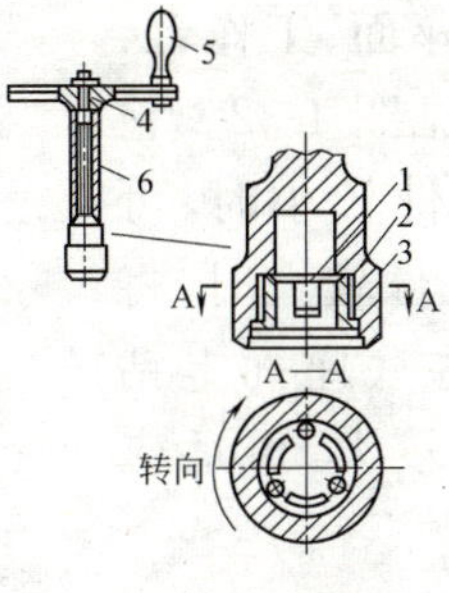

图1-29　螺柱扳手

1—滚柱；2—夹圈；3—扳手体；

4—横杆；5—手柄；6—短管

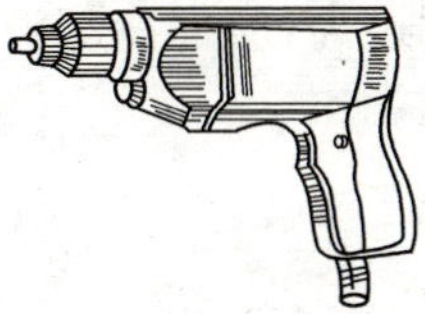

图1-30　微型电钻

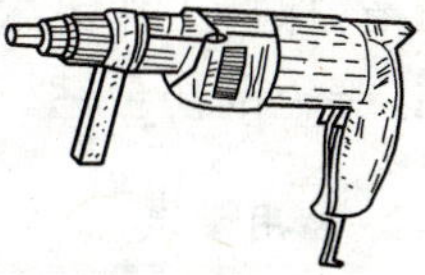

图1-31　电动冲击钻

手提式电钻是开孔、钻孔、固定的理想工具。微型电钻适用于金属等材料钻孔，钻孔的最大直径为13mm。

电动冲击钻适用于金属等材料钻孔，最大直径可达22mm。

电动冲击钻是可以调节并旋转带冲击的特种电钻。当把旋钮调到旋转位置，装上钻头，像普通电钻一样，可以对部件进行钻孔。

操作时先接上电源，双手端正机体，将钻头对准钻孔中心，打开开关，双手加压，以增加钻入速度。操作时要戴好绝缘手套，防止电钻漏电发生触电事故。

(5)台钻。

台钻属于小型钻床，置于桌面使用，一般用于钻ϕ13mm以下的小孔。主要由底座面、工作台、立柱和头架等组成。见图 1-32。它是由手动进刀的。工件较小时，可放在工作台上钻孔；工件较大时，将工作台移开，直接放在底座面上钻孔。这种钻床灵活性较大，可适应各种情况钻孔的需要。

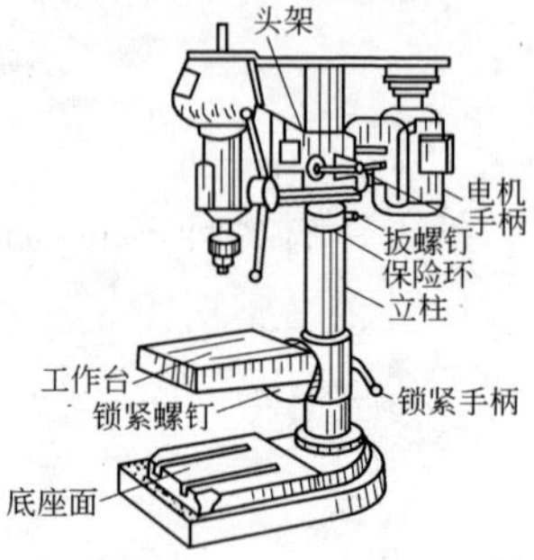

图 1-32　台钻

台钻在累计运转满 500h 后应进行一级保养，其具体步骤为：保持外表清洁，无锈蚀，无污秽；清洁工作台和底座面；连接配合处应清洁润滑，保持工作灵敏；钻孔时若温度过高，应加冷却液；排屑应畅通，避免刮伤台钻。

2. 常用量具

量具是钳工常用的测量工具，用于测量各种工件尺寸的工具。量具一般分为简单量具和精密量具。

(1)简单量具。

①钢板尺。用不锈钢片制成。其测量精度能达到 0.2～0.5mm。测量时钢尺应紧靠所测工件的边端面或表面，以求读数准确。

②钢卷尺。用薄皮的弹簧钢制成。使用中防止弯折，不得与电焊钳接触，以免钢尺被电弧损坏。使用后擦干净并涂上防锈油。

③直角尺。用于测量或检查工件内外直角的量具。使用精密角尺时，应手握角尺座轻放轻靠，防止拖拉和撞击。

(2)卡钳。

卡钳是测量机械零部件尺寸的一种量具。由于它的测量方法是间接的，因此卡钳要与钢尺或其他量具相配合使用。

①卡钳的分类。卡钳分为外卡钳和内卡钳两种。外卡钳测量工件的外表面，内卡钳是测量工件的内表面和内孔、内槽等。内外卡钳有各种不同的尺寸，以适应工作变化的需要。卡钳的钳口是否平整对测量精度有很大影响。有经验者可以用质量好的卡钳，测出的精度可达 0.02～0.05mm。

②卡钳的使用范围和规格。卡钳的种类较多。表 1-5 是几种卡钳的使用范围和规格。

表 1-5　卡钳的使用范围和规格

使用范围	规格(mm)	
标准外卡钳 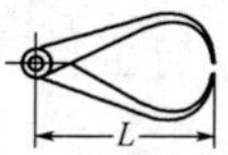 卡钳与钢尺配合测量和检验工件外尺寸	L 100 150 200 250 300	
统一外卡钳 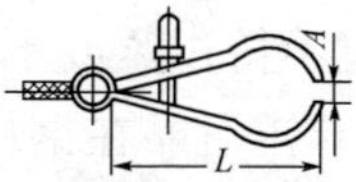 用弹簧可调节；测量的尺寸不易变动	L 75 100 125 150	A 最大 50 80 120 150
分度外卡钳 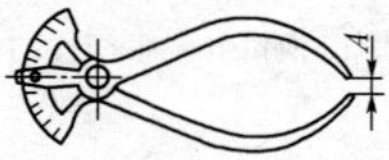 不需钢尺配合，在指针上直接取值	A 最大 80 120 160 200	

续表

使用范围	规格(mm)	
标准内卡钳 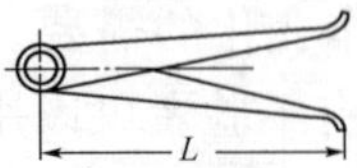	L	
	150 200 300	
弹簧内卡钳 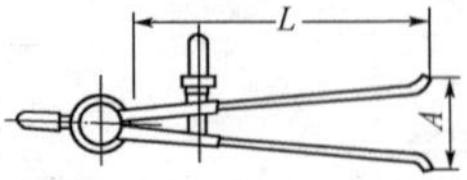 测量内孔、槽和其他内表面	L	A最大
	100	80
	125	100
	150	120
	175	140
	200	160

③外卡钳的使用。测量工件外围时，两卡钳脚应垂直，由工作轴线卡入工件时两卡脚不应歪斜，也不应与工件表面接触过紧，以免测量尺寸不正确。

取值时，将卡钳的一端钳口抵在钢尺的起点端，另一卡钳口在钢尺上的位置读数，就是测量工件的尺寸值。

④内卡钳的使用。测量工件时，应使两个钳口平行放在工件内表面，两卡钳口与工件内表面接触时不得过紧或不接触，以免产生测量误差。取值方法可将一只内卡钳口靠在钢尺的起始端，看另一只内卡钳口在钢尺上所在位置，读取数值，即为工件的实有尺寸值。

⑤使用卡钳注意事项。

a. 调整卡钳尺寸时，应敲卡钳的两个侧面，不允许敲击卡钳口。

b. 测量工件时，不能将卡钳用力压下去，要用卡钳自重贴附到工件测量面上即可。

c. 测量工件时，卡钳要放正，不能歪斜，否则量得的尺寸是不精确的。

d. 工件在旋转时，不能用卡钳测值，避免使钳口磨损。

(3)游标卡尺。

它是一种精密量具，可以用来测量工件的外径、内径、长度、宽度、深度和孔距等。其结构见图1-33。

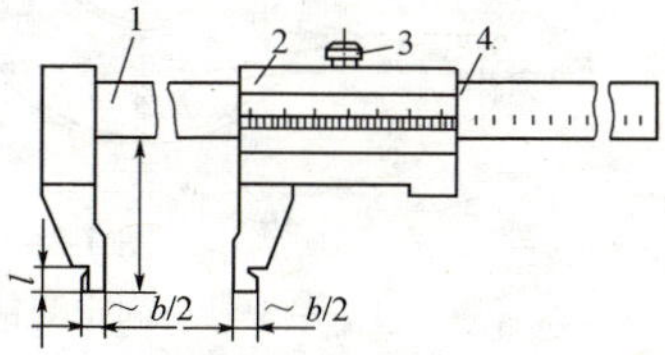

图1-33　游标卡尺

1—主尺；2—副尺；3—螺钉；4—游标

①精度。游标卡尺所能测量的精度有：0.1mm(1/10)、0.05mm(1/20)和0.02mm(1/50)三种。它们的主尺每格均为1mm，所不同的是当两脚合并时主尺与副尺相对应的格数不同(即它们的精度不同)。

a. 0.1mm(1/10)的游标卡尺，主尺每小格1mm，当两脚合并时，主尺上9mm刚好等于副尺上10格。

b. 0.05mm(1/20)的游标卡尺，主尺每小格1mm，当两脚合并时，主尺上19mm刚好等于副尺上20格。

c. 0.02mm(1/50)的游标卡尺，主尺每小格1mm，当两脚合并时，主尺上49mm刚好等于副尺上50格。

②游标卡尺的读数方法及步骤。

a. 读出副尺上的零线对应的主尺的数值(整数部分)。

b. 读出当副尺上某一刻线与主尺对齐时的副尺格数值。

c. 副尺尺寸与主尺之和为所读尺寸。

d. 游标卡尺使用注意事项：

使用游标卡尺时，不得先固定好尺寸后去测量工件或在测量中将定位螺钉锁紧，强力取出游标卡尺进行读数。严禁用游标卡尺测量旋转的工作或代替画线工具。更不能用游标卡尺去测量铸、锻件毛坯尺寸。

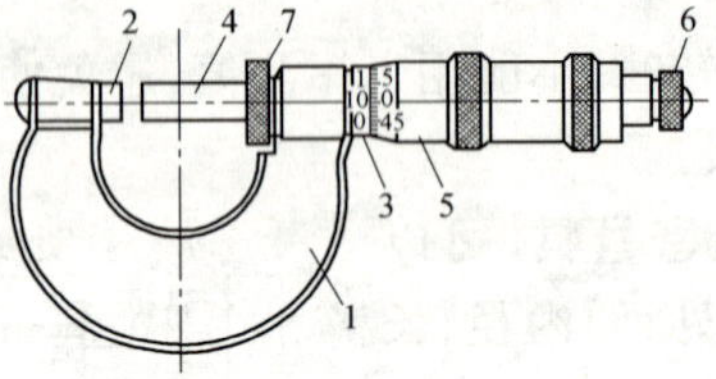

图 1-34 千分尺外形

1—弓架；2—固定测钻；3—固定套管（带刻度）；
4—螺标测轴；5—活动刻度套筒；6—棘轮机构；
7—定位环

（4）千分尺（百分尺或分厘卡）。

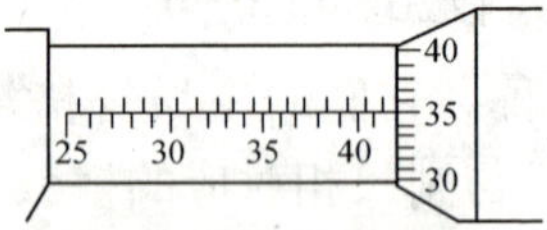

图 1-35 千分尺读数

①构造。千分尺是一种测量精度比游标卡尺高的量具。其种类分有外径、内径、深度、螺纹、尖头、厚度、齿轮公法线千分尺等。其结构见图 1-35。

②千分尺刻线的读法。

a. 活动套筒每旋转一周（50 格），测量螺杆就进或退 0.5mm，固定套筒上每格为 0.5mm，因此，当活动套筒每转动一格时，测量螺杆就进或退0.5/50（0.01mm）。

b. 千分尺读数方法：读出固定套筒与活动套筒固定时的数值；读出活动套筒上的刻线与固定套筒基准线对齐时活动套筒的数值；两数之和为所读尺寸值。见图 1-35 画出的千分尺表示尺寸 41.85mm。

③使用千分尺时的注意事项及要求。

使用前，应校对千分尺的零位。测量时，应一手握尺架，另一手先转动活动套筒。测量时千分尺应放正，并要注意温度的影响。测量前不要先卡紧测微螺杆，以免测量时导致螺杆弯曲或测量时的磨损，从而影响测量精度。读数时，最好直接在零件上读数，并要防止在固定套筒上多读或少读。不能用千分尺测量毛坯尺寸和转动着的工件。工件测量表面应擦干净，并准确放在千分尺测量面间，不得偏斜。千分尺不要随便拆开，使用完要用软布擦净，应使两测量面保持一点距离，涂油后放入工具盒内。

(5)百分表(丝表或校表)。

百分表是一种精度较高，能测出相对数值的测量量具。主要用来检查工件的形状和位置误差，也用于工件的精密找正。内径百分表可用来测量孔径及形状精度，其外形见图1-36。

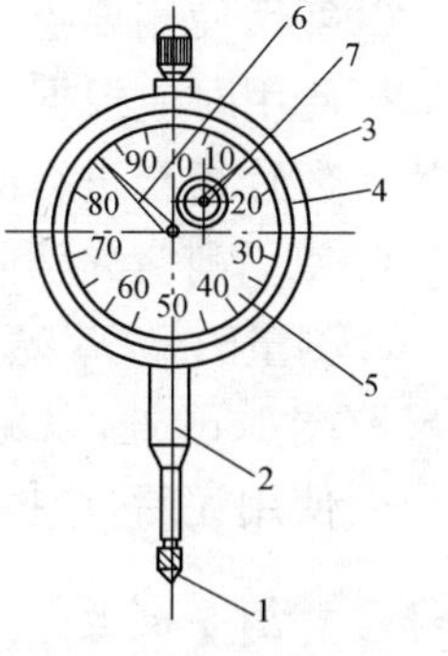

图 1-36　百分表外形
1—测头；2—测量杆；3—表壳；4—表体；5—刻度盘；6—长指针；7—短指针

使用百分表时，表架移入被测工件时测头杆应有 2～3mm 的压缩量，旋转表盘使表盘的零位与指针对齐。内径百分表应根据所测工件的孔径，选择合适的测头。测量时，在有一定的压缩值前提下，必须注意极限行程。测头放入内孔时，应摆动表杆，以便测得正确读数。

(6)塞尺(厚薄规)。

塞尺是检查间隙的一种精密量具，用它来检查两个接合面之间的间隙大小。见图 1-37。

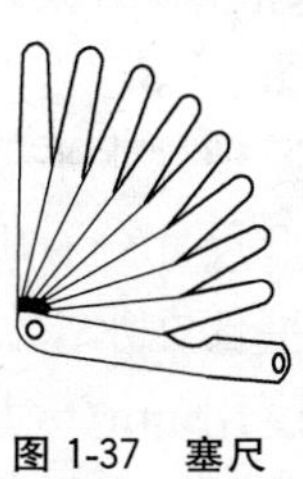
图 1-37　塞尺

①测量范围。塞尺用于检查两结合面精度(即结合面缝隙大小)，由一组薄钢片制成，长度有 50mm、100mm、200mm 等。

测量范围分为5组号码：

1号13片，测量范围：0.02～0.10mm；

2号16片，测量范围：0.03～0.50mm；

3号11片，测量范围：0.03～0.50mm；

4号14片，测量范围：0.25～1.00mm；

5号11片，测量范围：0.50～1.00mm。

②塞尺使用要点。

a. 使用时应根据被测间隙的大小，选择塞尺片的厚度，可用一片或数片组合进行测量。

b. 使用前应先清除工件及塞尺上的油污或杂物。

c. 测量时，塞尺塞入力度不能太大，并用拇指和食指握住距塞尺前端1cm处，以免塞尺产生褶折。

d. 使用完后，应擦拭干净，并涂上防锈油。

3. 测量仪器

(1)水平仪。

水平仪是由铸铁框架、主水准器(纵向水泡)、定位水准器(横向水泡)等组成。它是一种测角仪器，主要工作部分是水准器。见图1-38。

①原理。水平仪用于测量平面对水平或垂直位置的偏差。根据外形尺寸分有框式(方形)和条式(长方形)水平仪。

水平仪在水平位置或垂直位置时，气泡处于水准器中央位置。精度用mm/m表示。如精度0.02/1000，其意义为：当气泡移动一格时，水平仪的底面倾斜角度θ是4″，每米高度差为0.02mm。

②使用水平仪注意事项。

a. 使用前，被测表面和工件表面必须擦拭干净；温度对水平

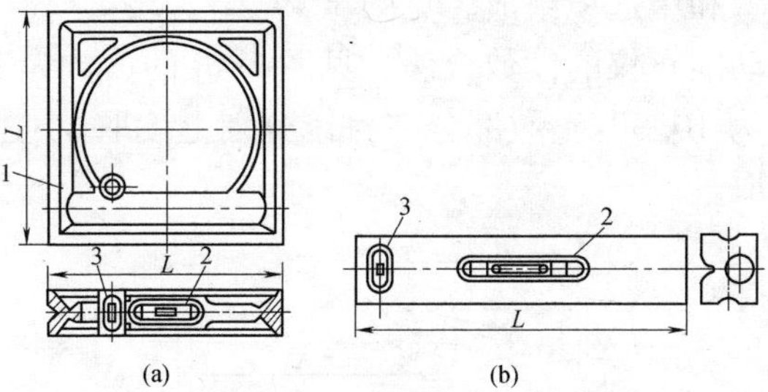

图 1-38 水平仪

(a)框式;(b)条式

1—铸铁框架;2—主水准器;3—定位水准器

仪测量精度影响很大,操作者手离气泡管较近或对气泡管呼气都有一定的影响,测量时,水平仪应远离热流或隔热。

b. 操作水平仪时应手握水平仪护木,不得用手接触水准器,或对着水准器呼气;在读数时,视线要垂直对准水准器,以免产生视差。

c. 使用误差比较小的水平仪测量设备水平度时,应在被测量面上原地转 180°进行测量;水平仪测量时,应轻拿轻放,不得碰撞和在所测工件表面上滑移。被测的部位必须是加工面光滑的平面。在调整被测物水平度时,水平仪一定要拿开。

d. 测量工件铅垂直面时,应用力均匀地紧靠在工件立面上;水平仪使用后应擦拭干净,涂上一层无酸无水的防护油脂,置于盒内和干燥处,并不得与其他工具混放。

(2)自动准直仪。

①构造。自动准直仪是一种高精度的测量仪器,是基于光束运动是一直线的工作原理,常用来测量机床导轨和仪器导轨在水平面内和垂直面内的不直度。

自动准直仪的结构包括本体及反光镜两部分,仪器本体是由平行光管和望远镜组成。见图 1-39。

②自动准直仪的读数方法。见图 1-40 的读数为 10.29。图 1-41 的读为 10.58，整数部分在目镜分划上读取，小数部分在微分筒上读取。

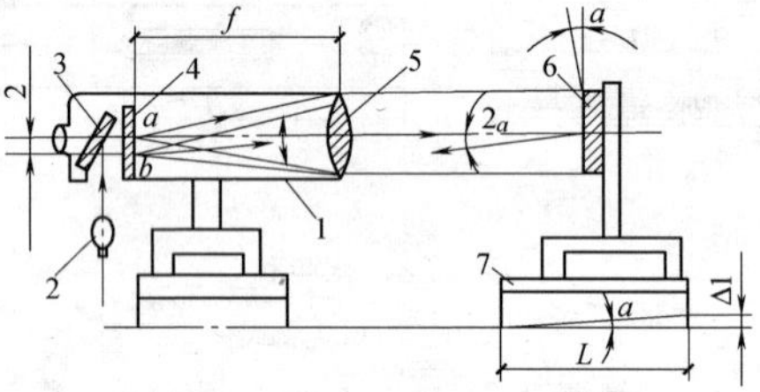

图 1-39　自动准直仪原理图

1—望远镜；2—光源；3—倾斜玻璃；4—分划板；5—物镜；6—反光镜；7—垫铁

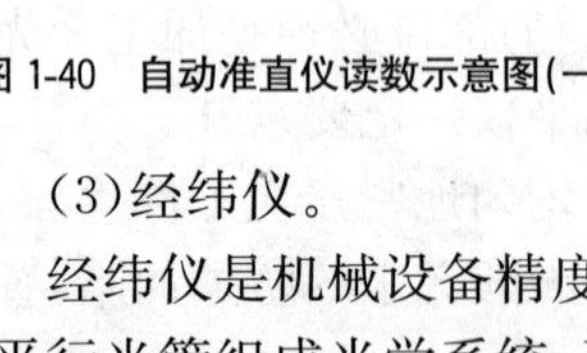

图 1-40　自动准直仪读数示意图(一)

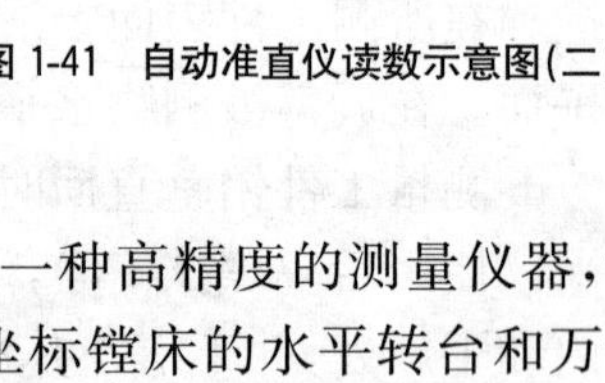

图 1-41　自动准直仪读数示意图(二)

(3)经纬仪。

经纬仪是机械设备精度检查的一种高精度的测量仪器，常与平行光管组成光学系统，可用于坐标镗床的水平转台和万能转台，精密滚齿机和齿轮磨床的分度精度的测量。在机械设备安装中对大型设备基础找纵横向中心线、垂直线位置和地面上两个方向之间的水平角测定等。

①经纬仪的主要部件。见图 1-42。

②经纬仪的读数方法。

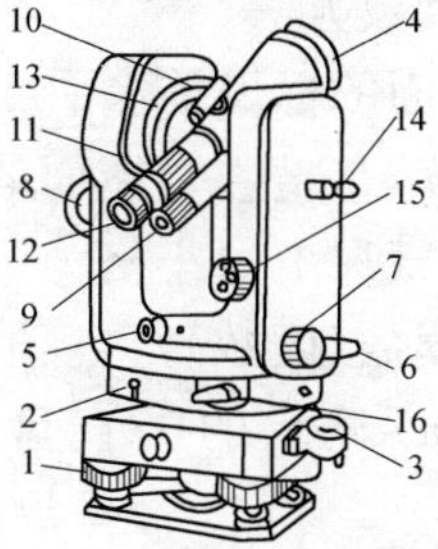

图 1-42 光学经纬仪构造图

1—脚螺旋；2—水平度盘；3—圆水准器；4—望远镜；5—光学对点器；6—制动扳手；7—微动螺旋；8—反光镜；9—读数显微镜；10—瞄准器；11—对光螺旋；12—目镜；13—竖直度盘；14—望远镜制动扳手；15—望远镜微动螺旋；16—复测器

a. 固定分微尺的读数方法。

在读数显微镜中有两个窗口，见图 1-43。上面为水平度盘分微尺读数，以符号"—"表示，下面为竖直度盘分微尺的读数，以符号"⊥"表示。固定分微尺将度盘上 1°的间格等分为 60 格，分微尺上每格相当于度盘上 1′。因此"度"的读数在度盘上读出(图中 268 或 359)，"分""秒"数则在分微尺上读出(图中 15′或 45′)，然后将两者相加为测点的读数(268°或 359°45′)。

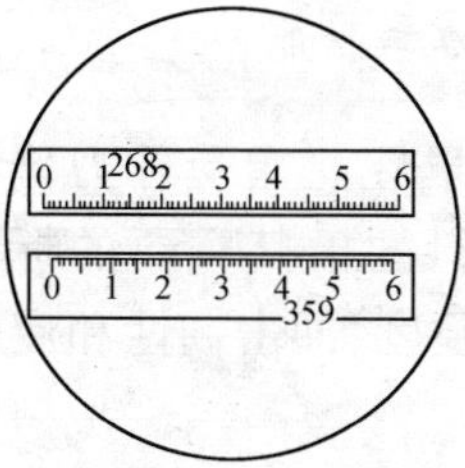

图 1-43 固定分微尺读数

b. 活动分微尺的读数方法。

见图 1-44，图中下面的标尺是水平度盘的读数(度数)，中间的标尺是竖直度盘的读数(度数)，上面的标尺是共用的活动分微尺读数(分、秒)。分微尺上每小格为 20″读数时，先读显微镜中双竖线夹准的度盘读数(度数)，再读取活动分微尺上的读数(分、秒)，见图 1-44(a)显示的竖直盘读数为 92°17′40″，图 1-44(b)显示的是 5°12′。

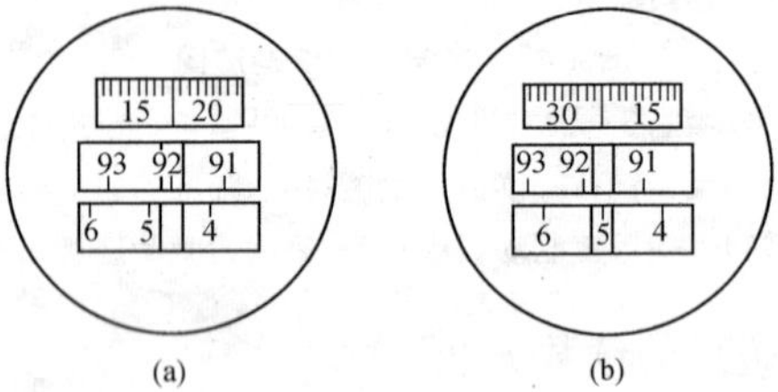

图 1-44　活动分微尺读数

三、金属材料性能及热处理

金属材料通常按黑色金属和有色金属两大类划分。设备安装中常用的金属材料如碳素钢、合金钢、铸铁等属于黑色金属；其他的材料如黄铜、硬铝、锡基轴承合金属有色金属。

1. 金属材料的力学性能

金属及合金的力学性能指受外力作用时所反映出来的性能。它是衡量金属材料的极其重要的标志。其主要机械性能有：弹性、塑性、强度、硬度、冲击韧性和疲劳强度等。

(1)弹性和塑性。

金属材料受外力作用时产生变形，当外力去掉后能恢复其原来形状的性能，称为弹性。这种随着外力消失而消失的变形，称为弹性变形。

金属材料在外力作用下，产生永久变形而不致引起破坏的性能，称为塑性。在外力消失后留下来的这部分不可恢复的变形，称为塑性变形。

(2)强度。

强度是金属材料在外力作用下抵抗变形和断裂的一种能力，也是抵抗外力而不致失效的能力。在工程上常用来表示金属材料强度的指标有屈服强度和抗拉强度。

屈服强度就是金属材料发生屈服现象时的屈服极限；抗拉强度就是金属材料在拉断前所能承受的最大应力。

(3)硬度。

金属材料抵抗硬的物体压入其内的能力，称为硬度。表示金属材料在一个小的体积范围内抵抗弹性变形、塑性变形或破断的能力。

金属材料的硬度可用专门仪器来试验，常用的有布氏硬度机和洛氏硬度机。布氏硬度用符号 HB 表示，即

$$HB=P/F \qquad (\mathrm{Pa}) \tag{1-1}$$

式中　P——所加压力，N；

F——所得压痕面积，m^2。

由于钢球大小和压力都是已知的，一般只标出大小而不注明单位。

(4)冲击韧性。

金属材料抵抗载荷的能力，叫做冲击韧性。常用试样缺口处单位截面积上的冲击功来表示冲击韧性，即

$$\alpha_k=A_k/F \qquad (\mathrm{J/m^2}) \tag{1-2}$$

式中　α_k——冲击值；

A_k——折断试样所消耗的冲击功，J；

F——试样缺口处的原始截面积，m^2。

(5)疲劳强度。

受交变应力的零件,发生断裂时的应力,远低于该材料的屈服强度,这种现象称为疲劳破坏;当金属材料在无数次重复交变载荷作用下而不致引起断裂的最大应力,称为疲劳强度。

2. 金属材料的工艺性能

金属材料工艺性能包括锻造性、铸造性、切削性、冲压性和焊接性等。

(1)锻造性。

它是表明金属材料在锻造操作过程中能承受塑性变化的能力。塑性好的材料,容易锻造成形。一般铜、铝合金在冷状态下加工,它的锻造性就比较好。脆性材料的锻造性很差。

(2)铸造性。

材料在铸造时以液态成型时的一种性能。它用收缩率、流动性、偏析等来评定其铸造性的优劣程度。

收缩率是表示铸件浇铸前后的尺寸变化的大小,通常收缩小,对铸件影响也小。

流动性是浇铸时液体的流动能力。流动性好,液体流入砂型既快又饱满。

偏析是指金属铸件中出现组织结构和化学成分不均匀。这种现象将程度不同地破坏了铸件的力学性能,降低了铸件的质量标准。

(3)切削性。

金属材料易于切削、加工的程度,叫切削性。切削性与材料的组织成分、硬度、强度、塑性、韧性、导热性等多种因素有关。具有良好切削性能的金属材料,必须有适宜的硬度(170～230HBS之间)和足够的脆性。

(4)冲压性。

它是指金属和非金属材料的工件对冲压工艺的承受能力。材料冲压性能好，则加工容易、便于成形，而且模具损耗也小，冲压件的质量好，精度也高。

(5)焊接性。

焊接性就是将金属材料熔化粘合在一起的特性。检验焊接性能的标准是用焊接接头部位的强度、密封性是否符合标准的要求。通常焊接性较好的金属如低碳钢，较差的如高碳钢、高合金钢、铸铁以及铝合金等。

3. 钢的热处理

钢的热处理就是把钢在固态下加热到一定的温度，进行必要的保温，并以适当的速度冷却到室温，以改变钢的内部组织，从而得到所需性能的工艺方法。

热处理过程一般分为加热、保温和冷却三个步骤。由于加热温度、保温时间和冷却速度的不同，可使钢产生不同的组织转变。

钢的热处理分类，由于各种机械零件的形状和尺寸、性能要求、所用钢材都互不相同，因此热处理工艺方法很多。按照钢材组织变化的特征，主要的热处理工艺如下：

- 热处理
  - 普通热处理
    - 退火
    - 正火
    - 淬火
    - 回火
  - 表面热处理
    - 表面热处理
      - 表面淬火
        - 火焰加热
        - 感应加热
      - 化学热处理
        - 渗碳
        - 氮化
        - 二元、多元共渗
    - 形变热处理

钢的热处理工艺主要有退火、正火、淬火、回火和表面淬火等。

(1)退火。

退火是将钢件加热到高于或低于钢的临界点，保温一定时间，随后在炉中或埋入导热性较差的介质中缓慢冷却，以获得接近平衡状态组织的一种热处理工艺。

退火的目的在于：降低硬度，以利于切削加工；细化晶粒改善组织，提高机械性能；消除内应力，并为下一道淬火工序做好准备；提高钢的塑性和韧性，便于进行冷冲压或冷拉拔加工。由于退火的目的不同，退火工艺也有多种。

①完全退火则是应用得较为普遍的一种退火方法。它将钢加热到相变临界点(A_1)以上30～50℃的温度，保温一定时间后，随炉缓慢冷却。完全退火能细化晶粒，消除内应力，并能降低硬度，以利于切削加工，退火后的组织为铁素体和珠光体。

②不完全退火则是将钢加热到相变临界点(A_1)以上30～50℃温度，经保温后缓慢冷却。它主要用于过共析钢，以消除内应力，降低硬度和提高韧性。

③低温退火是将钢加热到相变临界点(A_1)以下的温度(一般为500～600℃)，保温一段时间后，缓慢冷却到200～300℃以下出炉。低温退火主要用来消除钢件的内应力，并不发生相变。

(2)正火。

正火的作用与退火相似。由于正火是在空气中冷却，冷却速度比退火快，钢经过正火处理后，所获得的组织比退火后的更细。

(3)淬火。

淬火就是把钢件加热到相变临界点(A_3 或 A_1)以上 30～50℃(一般为 900℃以上),经过保温,然后在水或油中快速冷却,以获得高硬度组织的一种热处理工艺。淬火的目的在于提高钢的硬度,各种工具、模具、量具、滚动轴承等都需要通过淬火来提高硬度和耐磨性。

淬火的加热温度根据淬火的钢材来定。

(4)回火。

回火就是把淬火后的钢重新加热到相变临界点(A_1)以下某一温度,保温一段时间后,然后置于空气或水中冷却的热处理工艺。

回火的目的是为了消除淬火时因冷却过快而产生的内应力,降低淬火钢的脆性,使它具有一定的韧性。故回火总是在淬火之后进行的。

根据加热温度的不同,回火可分为低温回火、中温回火和高温回火。

①低温回火的加热温度为 150～200℃左右。低温回火后钢的组织变成回火马氏体,它是过饱和程度较小的固熔体。

②中温回火的加热温度为 300～500℃。中温回火后钢的组织为极细的球状渗碳体和铁素体的机械混合物。

③高温回火的加热温度为 500～650℃。高温回火后钢的组织为较细的球状渗碳体和铁素体的机械混合物。

(5)表面淬火。

表面淬火是将钢件的表面层淬透到一定的深度,而中心部分仍保持未淬火状态的一种局部淬火方法。

表面淬火的目的在于获得高硬度的表面和有利的残余应力分布,以提高工件的耐磨性或疲劳强度。

四、钳工基本操作技术

1. 划线

按图纸要求在工件上划出加工的界线，称为划线。划线分平面和立体两种。划线精度一般要求在0.25～0.5mm。因此，工件的加工最后尺寸要通过量具的测量来保证加工尺寸，而不能靠划线直接确定工件加工的最后尺寸。

(1)划线工具。

划线工具分有划线工具和划线支持用工具。

①有划线工具。

a. 划线平台（划线平板）。用于安放工件和放置划线用的工具。

b. 划针。用于工件的画线。划线时，要一次划成，不要连续几次重复地划，否则划线变粗、模糊。

c. 划规。用于画圆、圆弧、分角度、等分线段及量取尺寸等。

d. 划针盘。划针盘用于划线及工件的找正。用划针盘划线时，应使划针处于水平位置，划针伸出部分尽量短，以免划线时产生抖动。划线盘使用完后，应将划针直头端置于垂直向下位置。

e. 高度游标卡尺。用于精密划线，其精度一般为0.02mm。

f. 角尺测量工具。常用于工件上测量互相垂直的平面。

②划线支持用工具。

a. V形铁。主要用来安放圆形工件，以便用划针盘划出中心线或找中心。V形铁相邻各边互相垂直，V形槽一般呈90°角。

b. 方箱。用来支持划线工件，也可依靠夹紧装置把工件固定在方箱上，这样可以翻转方箱，把工件上要求互相垂直的线在一次安装中全部划出来。

c.角铁。用来支持划线的工件。一般常与压板配合使用。

d.千斤顶。用来支持毛坯或形状不规则的工件，也可调整高度。

e.样冲。用来在已划好的线上冲眼用的工具，以固定所划的线。样冲的尖角一般磨成45°～60°角。

用样冲冲眼时，应注意以下几点：要使样冲尖对准线条的正中，这样冲眼不偏离所划的线条；样冲眼间的距离可视线段长短而定。一般在直线段上冲眼距离可大些，在曲线段上距离要小些，而在线段交叉转折则必须要冲眼；样冲眼的深浅要适当，薄壁零件和较光滑的表面冲眼要浅些（甚至不冲眼）；而粗糙的表面冲眼要深些。

(2)划线前的表面处理。

划线前表面处理方法，见表1-6。

表1-6　划线前表面处理

表面清理		划线表面涂色		
涂色	涂以硫酸铜溶液	涂白垩粉	涂硫酸铜	涂清漆
使用钢刮刀及钢丝刷	同左，并放到苛性钠或氢氧化钠溶液内（1L水用100g）脱脂	（1）白垩粉液（8L水加1kg白垩粉，再加50g水胶） （2）普通干白垩	硫酸铜溶液（以3满茶匙溶于1杯水内）	（1）洋干漆溶于酒精并加入洋红（梁料） （2）快干清漆

(3)选择划线基准。

除前面提到的表面处理外，还要做到：

①工件的涂色。涂色的目的主要是使划出的线条清楚。对

加工表面可涂蓝油(其配比龙胆紫2%～4%、虫胶漆3%～5%、酒精91%～95%)。锻、铸件可用石灰水,如加点牛皮胶效果明显。涂色时要薄而均匀,不可太厚。

②加装塞块。对在孔上画圆或分圆周时,要在孔上加塞块,以求出工作孔的中心位置。塞块可用铅或木块,前者用于小孔,后者用于较大孔。见图1-45。

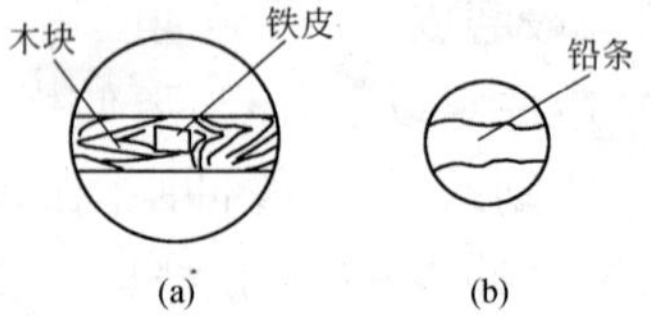

图1-45 在孔中装中心块

(a)木块;(b)铅块

(4)划线时的找正和借料。

①找正。划线前做好对毛坯工件的找正,使毛坯表面与基准面处于平行或垂直的位置。其目的是使加工表面与不加工表面之间保持尺寸均匀,并使各加工表面的加工余量得到合理和均匀分布。

②借料。由于毛坯(如铸、锻件)工件在尺寸、形状和位置上存在一定的缺陷和误差,当误差不大时,通过试划和调整可使各加工件表面都有一定的加工余量,从而使缺陷和误差得到弥补。

2. 錾削及锯割

(1)錾子分类及热处理。

錾削是用錾子对金属进行切削加工的一种方法。

錾子(又名凿子)一般用碳素工具钢锻成,并经淬火处理。錾子的前角愈大,切削愈省力;楔角越大,切削强度越高,切削阻力增大。切削金属材料时，一般选用錾子的楔角为60°～70°（钢和铸铁等硬材料）、50°～60°（中硬度材料）、30°～50°（铜和铝软材料）。

錾子的种类分为三种：

①扁錾：主要錾削平面和分割材料。

②狭錾：主要錾削沟槽。

③油槽錾：主要錾削润滑油槽。

錾子的热处理包括淬火和回火两个过程，以保证錾子切削部分具有适当的硬度。其热处理过程为：把约20mm长度的錾子切削部分加热到750～780℃，然后迅速取出，浸入冷水中冷却，当錾子露出水面部分变成黑色时，由水中取出，利用上部的余热进行回火。

(2)錾削。

①錾子握法。手握錾身，錾子头部伸出20mm左右，手握錾子力要轻，不要握得太紧，以免掌心承受力过大而振动。錾削时握錾子的手要保持小臂处于水平位置，并能下垂或抬高。握锤法有紧握法和松握法两种，松握法抬起手锤时五指放松，在进行锤击时五指握紧手柄。松握法不易疲劳，适用于锤击力较大的情况。

②挥锤。挥锤有手挥、肘挥和臂挥三种。手挥时，只有手腕运动，锤击力较小，一般用于开始錾削和结尾或剔油槽等场合。

③錾削应注意的安全事项。

保持錾子刃口锋利；要及时磨掉錾子头部明显的翘边，以免碎裂飞出伤人；木柄和锤头连接应牢固，避免脱出伤人；佩戴防护眼镜，避免錾削碎屑飞出伤人；錾子、手锤头部位和木柄不准沾油，以防滑出；刃磨錾子时一定要搁在砂轮机中心线上，用力不能过猛，防止錾子卡到砂轮机和搁架之间，发生事故。

(3)手锤。

錾削时用于锤击錾子切入工件。手锤的规格用锤头的重量来表示，有0.25kg、0. 5kg、0. 75kg、1kg 等规格，柄长一般为350mm。

(4)锯割。

锯割是用手锯将材料分割或在工件上锯出狭槽。手锯由锯弓和锯条组成。锯条长度以两端安装孔中心距来表示，锯齿分为粗、中、细三种(粗细是以锯条每25mm长度内的齿数来表示)，钳工常用锯条长度一般是300mm。

锯割起锯方式分远边和近边两种，起锯角一般要小(不超过15°为宜)，角度太大，锯齿会卡住工件棱角而折断锯条。起锯时行程要短，压力要小，速度要慢。细齿条适于锯割硬材料和薄型材料，锯割时速度适当放慢。粗齿条适于锯割软材料和较大表面的工件和材料。当锯割深锯缝时，可将锯条与锯弓调整成90°。

3. 锉削

(1)锉刀分类及选用。

锉削是使用锉刀对工件表面进行切削加工，使之符合图纸要求的尺寸、形状及表面粗糙度。

①锉刀分类。锉刀按齿纹距大小分有粗细等级。1号粗锉刀适用于大余量锉削；2号中齿锉刀适用于粗锉后的加工；3号细锉刀适用于较硬材料的锉削和工件表面的锉光；4号、5号极细锉刀适用于精加工时打光表面。锉刀按用途分为普通锉、特种锉和整形锉三种。普通锉按其断面的不同又分平锉(其主要工作面是锉齿的上、下两面)、方锉、三角锉、半圆锉和圆锉。特种锉有不同的断面形状，用于加工工件上特殊形状的表面。整

形锉用于修整精细的金属工件。

②锉刀选用原则。锉刀粗细选用：由工件加工余量、加工精度、表面粗糙度及工件材料决定。锉刀断面形状的选用：由工件加工表面的形状决定。锉刀长度的选用：由工件加工面的大小和加工余量决定。

③锉刀使用规则。锉刀不能用于锉毛坯的硬皮及经过淬硬的工件。锉刀应先使用一面，用钝后再用另一面，不能用新锉刀锉硬金属。锉刀不用时，不可重叠放置，锉刀不能沾水、沾油，不得用手擦刚用过的表面。

(2)锉削。

锉削按工件表面形状不同分，有平面锉削、圆弧面锉削和直角面锉削。其中平面锉削的方法又分为交叉锉、顺向锉和推锉，它们有各自的特点。

①交叉锉法。锉刀运行方向是交叉的，从锉削痕迹上可显出高低部位，交叉锉能锉出准确的平面，一般在开始锉削时都采用交叉锉的方法。

②顺向锉法。顺向锉法一般在交叉锉法后使用，顺向锉法能得到正直的锉痕，锉削面比较整齐。

③推锉法。推锉法适宜加工余量较小、平面及尺寸偏差的修平，顺直锉纹。

④锉削加工的一般规律。需要对几个面同时进行锉削时，一般尽可能选择大的平面或长的平面作为基准面，内外表面都要锉削时，先锉外表面，后锉内表面。

⑤锉削的安全注意事项。无柄的锉刀不准使用，以防伤手。不准用嘴吹铁屑，防止铁屑飞进眼里。夹持工件露出钳口尽量少，以免锉削时产生抖动。锉削开始时，左手压力大，右手压力小，随锉刀前推，左手压力逐渐减小，右手压力逐渐增大，到中间

位置时,两手压力相等。不得用手擦刚用过的表面,以防锉刀打滑;锉刀放置时不要露出工作台外面,以防掉下扎伤脚或损坏锉刀。

4. 钻孔

钻孔是在实心材料上用钻头加工出圆孔。

(1)钻头。

①构成。钻头由柄部、颈部和工作部组成。最常用的钻头是麻花钻头见图 1-46。钻柄有圆柱形钻柄(一般用于直径小于 13mm 的钻头)和圆锥形钻柄(一般用于直径大于 13mm 的钻头)。

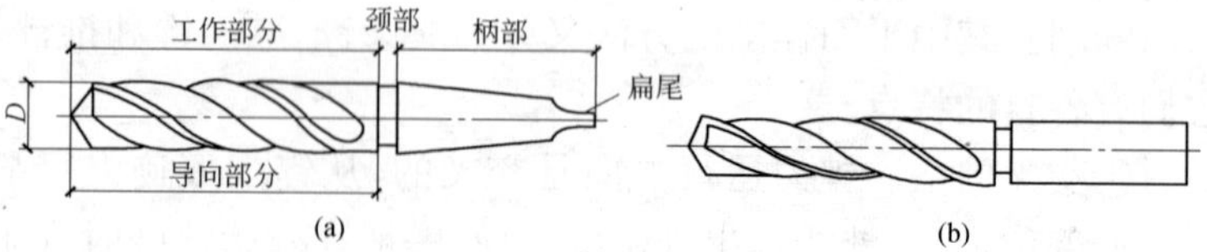

图 1-46 麻花钻头

(a)圆锥柄钻头;(b)圆柱柄钻头

②钻头切削部分的几何参数。钻头切削部分的几何参数有顶角、前角、后角、横刃斜角和螺旋角。前角的大小在主切削刃上的各点是不同的,主切削刃上每一点的后角是不等的。

③麻花钻的刃磨。钻头刃磨在砂轮机上进行,刃磨方法见图 1-47。刃磨时钻头轴线顺时针旋转 35°~45°,钻柄下摆角度约等于后角,按此步骤磨好一面,再磨另一面。钻头刃磨后常用目测法进行检查。

(2)钻孔方法。

先在钻孔中心打好样冲眼,备好冷却液以便冷却钻头。钻孔先锪窝,以检查窝是否偏斜。

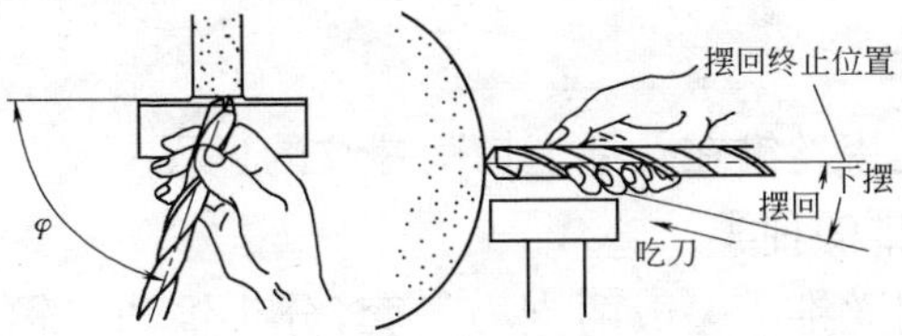

图1-47　麻花钻的刃磨方法

①钻不通孔时，应按钻头深度调整挡块，并通过测量实际尺寸来检查钻孔深度是否准确。

②钻深孔时，一般钻孔深度达到直径3倍时钻头要退出排屑，以后每钻进一定深度，钻头要退出排屑一次，以免钻头因排屑不畅而扭断。

③直径超过30mm的大孔，先用0.5～0.7倍孔径的钻头钻小孔，然后再用所需孔径的钻头扩孔。

④在斜面钻孔时，必须在钻孔面上先錾出一个与钻头相垂直的平面，然后再进行钻孔。

⑤若两种材料不同，则在钻骑缝螺钉孔前，钻孔中心样冲眼要打偏在硬材料零件上，也就是钻孔时钻头要往硬材料一边"借"，由于两种材料切削抗力不同，钻削过程中钻头朝软材料一边偏移，最后钻出的孔正好在两个零件中间。

(3)钻孔安全注意事项。

工件钻孔时不准戴手套，女工必须戴帽子；当孔临近钻穿时要减小进刀量，并在工件下面垫上垫块；在钻孔过程中不准用手拨铁屑和用嘴吹铁屑。钻头未停止时，不准手握钻夹头。松紧钻头必须用钥匙，不准用东西敲打，钻头从钻头套中退出时要用斜铁敲出；钻床变速前应先停车后进行变速；使用电钻时，要戴绝缘手套，脚踏绝缘板，以防止触电。

5. 攻丝

攻丝是用丝锥在孔壁上切削螺纹的过程。

(1)丝锥的种类。

①手用丝锥。一般两支为一套,分头锥和二锥。两支丝锥切削部分的斜角不同,头锥斜角小,约有六个不完整的牙齿,以便于起削。

②机用丝锥。用在机床上进行攻丝,一般一套只有一支,手柄较长,便于装夹。

③斜槽丝锥。有左、右斜槽丝锥两种。左斜槽丝锥用于加工通孔,右斜槽丝锥用于加工不通孔,丝锥使切屑向上排出。

(2)丝锥的标注。

①粗牙普通螺纹丝锥的标注。

标注格式:每组支数—螺纹代号和公称直径—精度等级(螺距不标注)。如直径 10mm,螺距 1.5mm 手用(或机用)单支丝锥,精度 3 级,其标注为:M10—3(或 M10—3a);如直径 10mm,螺距 1.5mm 手用(或机用)两支一套丝锥,精度 3 级,其标注为:2—M10—3(或 2—M10—3a)。

②细牙普通螺纹丝锥的标注。

标注格式:直径×螺距。如:M10×1.25、M10×1.5。

(3)攻丝的方法和要点。

①底孔直径的确定。与被加工螺纹的外径、螺距和材料有关,通过查表或由经验公式计算来确定。

对于硬性材料:$D=d-1.1t$ (1-3)

对于韧性材料:$D=d-t$ (1-4)

式中 D——底孔直径,mm;

d——螺纹外径,mm;

t——螺距，mm。

②将装在绞手上的丝锥插孔时，保持丝锥与工件表面垂直，适当加力，并顺时针转动(左螺纹逆时针转动)，待丝锥切削部分切入工件 1～2 圈时，校正丝锥与工件表面是否垂直。然后继续旋转(不加压)攻丝。攻丝时要经常向相反方向转动约 1/4 圈左右，使切屑割断，易于排出孔外，经常用机油、菜油、二硫化钼等进行润滑。

6. 套丝

套丝是用板牙在圆杆、管子上切削螺纹的过程。

套丝工具有板牙和板牙架，见图 1-48、图 1-49。

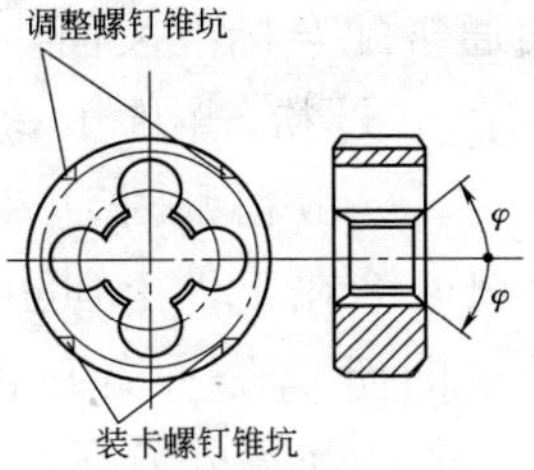

图 1-48　板牙构造

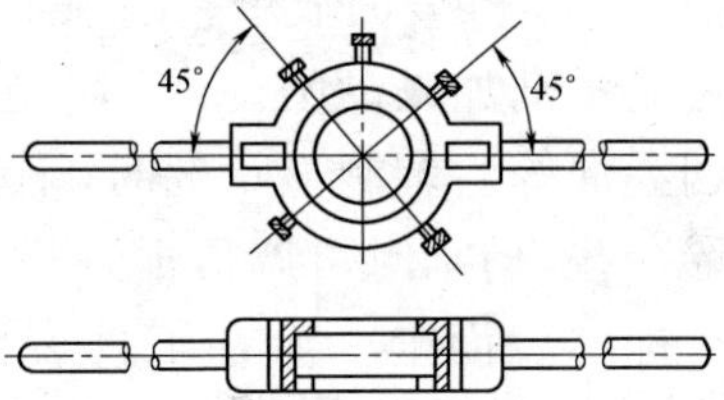

图 1-49　板牙架

(1)圆杆或管子套丝的直径。

由经验公式确定：

$$D=d-0.13t \tag{1-5}$$

式中　D——圆杆或管子的直径；

d——螺纹外径；

t——螺距。

(2)套丝的要点。

圆杆端部要倒成 15°～20°的斜角，使板牙容易切入工件；套丝时圆杆要用硬木 V 形块或厚铜板作衬垫夹正、夹牢；套丝时板牙的端面与圆杆的轴线要垂直，加力适当。当板牙切入工件1～2 圈时，校正板牙与工件表面是否垂直。然后继续旋转（不加压）攻丝。攻丝时要经常地向相反方向旋转，使切屑割断，易于排出孔外；应经常用机油、菜油、二硫化钼等进行润滑，以降低螺纹表面的粗糙度和延长板牙寿命。

7. 刮削

刮削属精加工的一种，是在已加工的工件表面上刮去一层很薄的金属。其刮削余量一般随刮削面积的大小而定。

（1）刮削前的准备工作。

①工件表面显示。刮削工件表面通常配合标准表面，并辅之显示剂加以刮削。常用的显示剂有：红丹粉、普鲁士蓝油、烟墨油等。调制显示剂时，干稀要适当。一般粗刮时，可调得稀一些，精刮时可调得干一些。显示剂可涂在工件上，也可涂在标准表面上。涂在工件表面所显示的研点是不着色的黑点，不闪光。涂在标准表面上，工件表面只有高处着色，研点比较暗淡。

刮削精度常用 25mm×25mm 内的研点数来表示，其标准要求可查阅相关设备安装及验收规范。

②刮刀准备。刮刀分平面刮刀和曲面刮刀。平面刮刀粗刮时，其端部形状磨成平的；细刮和精刮时，其端部略微凸起，刃口成圆弧形。在砂轮机上刃磨刮刀时要经常用水冷却，防止磨削时发热而退火使刃口变软。

③刮削作业条件。备好刮削工具和显示剂；检查工件表面质量和刮削余量是否符合要求，并打磨毛刺；调整工件，放置时应平稳、牢固；涂上显示剂，确定刮削部位。

(2)刮削。

刮削方式有平面刮削和曲面刮削。其中平面刮削又分手刮法和机刮法两种。刮削一般要经过粗刮、细刮、精刮和刮花的过程。

①粗刮。刮去工件表面有明显的加工痕迹或锈蚀,加工余量较大。

②细刮。是在粗刮的基础上,把已贴合的点子刮去,使一个贴合点变成几个贴合点,从而增加贴合的数目,直到符合所要求的表面。

③精刮。是在细刮的基础上,再进一步提高表面质量。精刮时,每刀必须刮在研点上,点子越多,刀痕要越小,刮时要越轻。

④刮花。在已刮好的工件表面上用刮刀刮去极薄的一层金属,形成花纹以改善润滑。

8. 研磨

研磨是用研磨工具和研磨剂从工件表面磨掉一层金属屑,使工件具有准确的形状、尺寸和很细的表面粗糙度。研磨常和刮削配合进行。通过研磨后的工件尺寸精度达到 0.05～0.01mm,粗糙度可达到 R_a1.6～R_a0.1,最细可达到 R_a0.012。

(1)研磨剂。

由磨料和研磨液混合而成的一种混合剂。

①磨料。磨料在研磨中起切削的作用。磨料的粗细用粒度表示,有氧化铝系列、碳化物系列和金刚石系列等。其中金刚石系列硬度最硬,用于精研磨和粗研磨。

②研磨液。在研磨过程中起润滑冷却作用。使研磨表面不易划伤,并能提高表面研磨精度。常用的有机油、煤油和猪油。

(2)研磨工具。

常用的研磨工具有:平板、圆盘、圆柱体等。选用时按工件表面形状而定。

(3)研磨方法。

研磨方法有平面研磨、圆柱面研磨和圆锥面研磨。根据研磨表面的形状,选择研磨平板或研磨棒。研磨分粗研和精研。在平面研磨中,粗研时采用表面带沟槽的平板,精研时用光滑平板。

9. 矫正和弯曲

矫正是将金属板材、型材上不应有的弯曲、翘曲、变形等缺陷进行消除的过程。

弯曲是将金属板、型、棒、管等材料弯成所需的角度和曲线的过程。

对金属材料进行矫正和弯曲,引起金属材料硬度增加,性质变脆(这种现象称为冷作硬化),因此,一般只有塑性好的、变形不大的材料才能进行矫正或弯曲。

(1)矫正工具。

①平板和铁砧:适用于矫正较大面积的板材或工件的基础。

②软、硬手锤:适用于矫正一般材料,对已加工过的表面、薄板或有色金属等,矫正时应使用铜锤、木锤等软质手锤。

③抽条和方木条:适用于矫正较大面积的薄板。

④螺旋压力机:适用于矫正较长的轴类零件和棒料。

(2)矫正方法。

对于不同材料(如条料、角钢、棒类、轴类、板类等)和材料弯曲程度的矫正,其过程一般如下:

①根据材料的类型、材质,选择相应的矫正工具。

②检查弯曲方向、程度和部位,并作好记录。

③根据弯曲方向和部位选择合理的锤击点及锤击走向。如矫正中部凸起的板料，由于凸起部位的材料厚度已经变薄，因此不能采用锤击凸起部位来矫正，而应锤击板料的边缘使其延展。锤击时，应从外到里逐渐由重到轻，锤击点由密到稀。

④边矫正，边检查，直到矫直符合要求为止。

(3)弯曲。

弯曲方法有冷弯和热弯两种。冷弯是在常温下进行的弯曲，热弯是将弯曲部位加热，然后进行弯曲。

弯曲的一般过程与矫正类似，一般厚度在5mn以上的板料须进行热弯，通常情况下只进行冷弯；对于管子的弯曲，一般直径在12mm以下可用冷弯的方法；直径在12mm以上的可用热弯或搣管机搣弯。

10. 抛光

(1)使预先经过锉削或其他类型加工的表面的表面粗糙度更为提高可采取抛光。抛光不能修整最初加工的不精确性，因为实际上抛光不能磨掉金属，而只能抛光表面的划痕，使表面平滑而光亮。

(2)通常，抛光用于手柄、手轮、套筒等零件的最后精加工，以及准备镀镍、镀铬及其他镀层的零件方面。抛光时，使用转速为30～35m/s，镶上毛毡、皮子、纱布及呢子的抛光轮，在抛光轮的工作面上涂以用黏性物质(石蜡、凡士林和煤油的混合剂)和抛光粉配制成的糊剂。

(3)粗抛光后，再用毛毡轮和纱布轮做最后抛光。在难以接近的部位可用砂纸打光，先用粗砂纸(第1号和第2号)，然后再用细砂纸(0号～0000号)。留作抛光的裕度在0.01mm以内。

(4)抛光过的零件，必须用呢子仔细擦拭并用干净的汽油清洗，然后以压缩空气吹干。细抛光经常使用木块、铜块、铅块或铸铁块，在工作面上涂以抛光粉。表面的最后精加工使用不加磨粉的煤油糊或石蜡糊。

(5)抛光轴颈时，使用木圆夹头，在夹头上先垫以皮条、呢子、鹿皮、橡皮等，并在垫层面上涂上由石蜡和细抛光粉配成的糊剂。

第2部分　钳工岗位操作技能

一、机械零、部件拆装与清洗

1. 拆卸

设备在安装、检修和清洗的过程中，往往需要将零件或设备拆卸下来。拆卸机件时，应先熟悉设备技术文件和有关技术资料，了解其构造、性能和原装配程序及装配数据，分析设备的结构特点、传动系统、零部件相互间的配合关系，明确它们的用途和作用，搞清楚设备的精度检验方法和标准，然后考虑拆卸方法和程序。

机件拆卸的方法有击卸、压卸、拉卸、温差法拆卸和破坏拆卸。

(1)击卸。

击卸是用手锤敲击的方法使配合的零件松动而达到拆卸的目的。拆卸时应根据零件的尺寸、重量和配合牢固程度，选择适当重量的手锤，受击部位应使用铜棒或木棒等保护措施。此方法适用于过渡配合机件的拆卸。击卸时要左右对称，交换敲击，不许只在一边敲击。

(2)压卸和拉卸。

对于精度要求较高，不允许敲击或无法用击卸法拆卸的零件，可采用压卸和拉卸。采用压卸和拉卸，加力比较均匀，零件的偏斜和损坏的可能性较小。这种方法适用于静配合机件的拆卸。

(3)温差法拆卸。

利用金属热胀冷缩的特性,采取加热包容件,或者冷却被包容件的方法来拆卸零件。这种方法适用于一般过盈较大、尺寸较大等无法压卸的情况下应用。

(4)破坏拆卸。

当必须拆卸焊接、铆接、密封连接等固定连接件或轴与套互相咬死,花键轴扭转变形及严重锈蚀等机件时,不得已而采取的这种方法,一般采用保存主件,破坏副件的方式。

拆卸较大零件时,如精密的细长轴丝杠、光杠等零件,拆下时应垂直悬挂存放,以免弯曲变形。

2. 清洗

设备清洗是指清除和洗净零件表面的油脂、污垢和粘附的机械杂质,使零件表面干燥,并具有中间防锈能力。

(1)清洗步骤。

设备清洗步骤分初洗、细洗和精洗三步。

①初洗主要是去掉设备旧油、污泥、漆片和锈层。

②细洗是对初洗后的机件,再用清洗剂将机件表面的油渍、渣子等脏物冲洗干净。

③精洗是用洁净的清洗剂做最后清洗,也可用压缩空气吹一下表面,再用油冲洗。

(2)清洗方法。

设备的清洗方法很多,常见的有:擦洗、浸洗、喷洗、电解清洗和超声波清洗等方法。

①擦洗。擦洗是利用棉布、棉纱浸上清洗剂对零件进行清洗的方法。这种方法多用于对零件进行初洗。

②浸洗。浸洗是将零件放入盛有清洗剂的容器内浸泡一段时间的清洗方法。它适用于清洗形状复杂的零件，或者油脂干涸、油脂变质的零件。必要时可对清洗剂加热来对零件进行清洗。零件清洗时间，根据清洗液的性质、温度和装配件的要求一般为2～20min，浸洗后的零件应进行干燥处理。

③喷洗。这是一种利用清洗机对形状复杂、污垢粘附严重的装配件，采用溶剂油、蒸汽、热空气、金属清洗剂和三氯乙烯等清洗液进行清洗的一种方法。但对精密零件、滚动轴承等不得用喷洗方法。

④电解清洗。电解清洗是将被清洗的零件放入盛有碱液的电解槽中，然后通电利用化学反应清除零件上的矿物油、防锈油等。这种方法适用于批量零件的清洗。

⑤超声波清洗。超声波清洗是利用超声波清洗装置产生的超声波作用，将零件上粘附的泥土、油污除掉。这种方法适用于对装配件进行最后清洗。

(3)清洗剂。

常用的清洗剂有各种石油溶剂、碱性清洗剂和清洗漆膜溶剂等。

①石油溶剂。主要有汽油、煤油、轻柴油和机油等。

a. 汽油。汽油是一种良好的清洗剂，对油脂、漆类的去除能力很强，是最常用的清洗剂之一。在汽油中加入2%～5%的油溶性缓释剂或防锈油，可使清洗的零件具有短期防锈能力。

b. 煤油。煤油与汽油一样，也是一种良好的清洗剂，它的清洗能力不如汽油，挥发性和易燃性比汽油低，适用于一般机械零件的清洗。精密的零件一般不宜用煤油做最后的清洗。

c. 轻柴油和机械油。轻柴油和机械油的黏度比煤油大，也可用作一般清洗剂，机械油加热后的使用效果较好，其加热温度不得超过120℃。

②碱性清洗剂。碱性清洗剂是一种成本较低的除油脱脂清洗剂，使用时一般加热至60～90℃进行清洗，浸洗或喷洗10min后，用清水清洗，效果较好。

③清洗漆膜溶剂。主要有松香水、松节油、苯、甲苯、二甲苯和丙酮等。它们具有稀释调和漆、磁漆、醇酸漆、油基清漆和沥青漆等的特性，因此常用来清洗上述漆膜。

3. 装配

装配工作是制造、安装工作的最后一道工序，装配工作质量的好坏，直接影响设备的性能和使用寿命。

(1)装配的基本步骤。

装配工作的基本顺序一般与拆卸工作的基本顺序相反，基本上由小到大，从里向外进行。其步骤如下：

①首先要熟悉图纸和设备构造，了解设备部件、零件或组合件之间的相互关系以及进行零件尺寸和配合精度的检查。

②先组装组合件，然后组装部件，最后总装配。每组装一个零件时，都应先清洗零件并涂上润滑油(脂)，并检查其质量和清洁程度，以确保装配质量。

③总装配后的设备应进行试运转，对试运中发现的问题应及时调整和处理。

④最后对设备进行防腐和涂漆保护。

(2)螺纹连接装配。

①螺纹及螺纹连接的种类。根据母体形状，螺纹分圆柱螺纹和圆锥螺纹。根据牙形分三角形、矩形、梯形和锯齿形。普通螺纹的标记用M表示；梯形螺纹用Tr表示；非螺纹密封的管螺纹用G表示。

螺纹连接是利用螺纹零件构成的可拆连接，螺纹连接的连接零件除紧固件外，还包括螺母、垫圈以及防松零件等。其连接方式有螺栓连接、双头螺柱连接、螺钉连接和紧定螺钉连接。

②螺纹连接的拧紧。螺纹连接拧紧的目的是增强连接的刚性、紧密性和防松能力。控制拧紧力矩有许多方法，常用的有控制扭矩法、控制扭角法、控制螺纹伸长法及断裂法螺纹连接等方法。

a. 控制扭矩法。用测力扳手或定扭矩扳手使预紧力达到给定值，直接测得数值。

b. 控制螺纹伸长法。通过控制螺栓伸长量，以控制预紧力的方法，见图 2-1。螺母拧紧前，螺栓的原始长度为 L_1（螺栓与被连接件间隙为零时的原始长度）。按预紧力要求拧紧后螺栓的伸长量为 L_2。

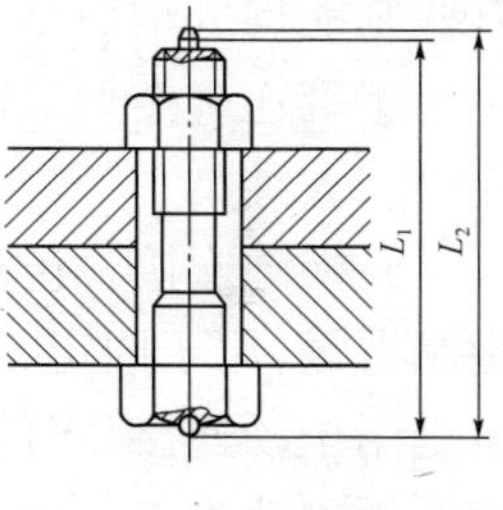

图 2-1　螺栓伸长的测量

其计算式为

$$L_2 = L_1 + P_0 / C_L \text{(mm)} \tag{2-1}$$

式中　P_0——预紧力为设计或技术文件中要求的值，N；

C_L——螺栓刚度（按规范的规定计算）。

c. 断裂法。见图 2-2。在螺母上切一定深度的环形槽，拧紧时以环形槽断裂为标志控制预紧力大小。

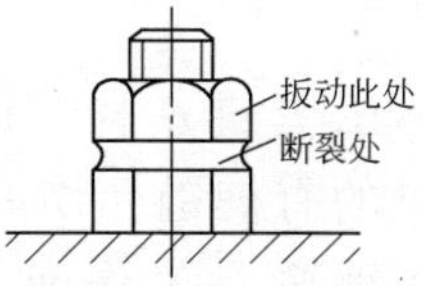

图 2-2　断裂法控制预紧力

③螺纹连接的防松。在静载荷下，螺纹连接能满足自锁条件，螺母、螺栓头部等支承面处的摩擦也有防松作用。但在冲击、振动或变载荷下，或当温度变化大时，连接有可能松动，甚至松开，所以螺纹连接时，必须考虑防松问题。

防松的根本目的在于防止螺纹副相对转动，防止摩擦力矩减小和螺母回转。具体的防松装置或方法很多，就工作原理来看，可分为利用摩擦防松、直接锁住防松和破坏螺纹副关系防松三种。

(3)键连接装配。

键主要用于轴和毂零件(如齿轮、涡轮等)，实现周向固定以传递扭矩的轴毂连接。其中，有些还能实现轴向以传递轴向力，有些则能构成轴向动连接。

①键连接类型。键是标准件，有松键连接、紧键连接和花键连接三大类型。

a. 松键连接。包括平键和半圆键，平键分普通平键、导向平键和滑键，用于固定、导向连接。普通平键用于静连接，导键和滑键用于动连接(零件轴向移动量较大)，见图 2-3。松键连接以键的两侧面为工作面，键与键槽的工作面间需要紧密配合，而键的顶面与轴上零件的键槽底面之间则留有一定间隙。

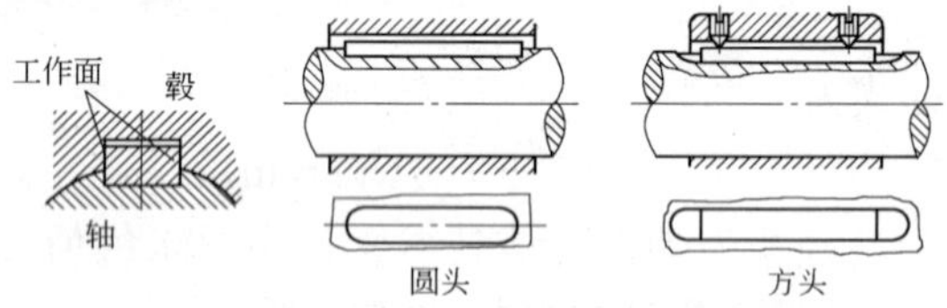

图 2-3　普通平键连接

b. 紧键连接。用于静连接，常见的有楔键和切向键。楔键的上下两画是工作面，分别与毂和轴上一键槽的底面贴合，键的上表画具有 1∶100 斜度；切向键是由两个斜度为 1∶100 的单边倾斜楔组成。装配后，两楔的斜面相互贴合，共同楔紧在轴毂之间，见图 2-4。

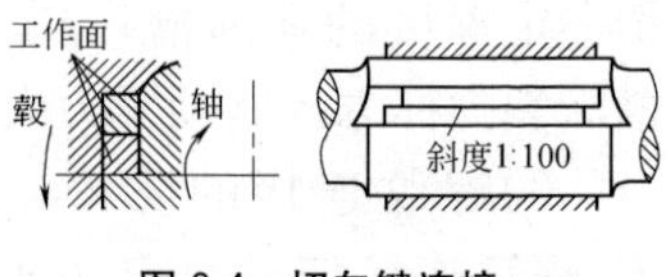

图 2-4　切向键连接

c. 花键连接。靠轴和毂上的纵向齿的互压传递扭矩,可用于静连接或动连接。花键根据齿形不同,分为矩形、渐开线和三角形三种。其中矩形花键连接应用较广,它有三种定心方式,见图 2-5。

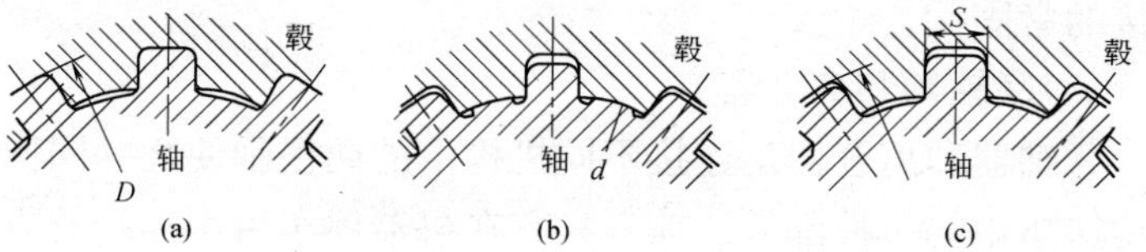

图 2-5 矩形花键连接及其定心方式

(a)按外径定心;(b)按内径定心;(c)按侧面定心

②键连接的装配。

a. 键连接前,应将键与槽的毛刺清理干净,键与槽的表面粗糙度、平面度和尺寸在装配前均应检验。

b. 普通平键、导向键、薄型平键和半圆键,两个侧面与键槽一般有间隙,重载荷、冲击、双向使用时,间隙宜小些,与轮毂键槽底面不接触。

c. 普通楔键的两斜面间以及键的侧面与轴和轮毂键槽的工作面间,均应紧密接触;装配后,相互位置应采用销固定。

d. 花键为间隙配合时,套件在花键轴上应能自由滑动,没有阻滞现象。但不能过松,用手摆动套件时,不应感觉到有明显的周向间隙。

(4)销连接。

销连接通常只传递不大的载荷,或者作为安全装置。销的另一重要用途是固定零件的相互位置,起着定位、连接或锁定零件的作用。它是组合加工装配时的重要辅助零件。

①销的形式和规格,应符合设计及设备技术文件的规定。

②装配销时不宜使销承受载荷,根据销的性质,宜选择相应

的方法装入。

③对定位精度要求高的销和销孔，装配前检查其接触面积，应符合设备技术文件的规定；当无规定时，宜采用其总接触面积的50%～75%。圆柱销不宜多次装拆，否则会降低定位精度和连接的紧固性。

(5)联轴器和离合器。

联轴器和离合器是连接不同机构中的两根轴使之一同回转并传递扭矩的一种部件。前者只有在机器停车后用拆卸的方法才能把两轴分开；后者不必采用拆卸方法，在机器工作时就能使两轴分离或接合。

①联轴器分类。按照被连接两轴的相对位置和位置的变动情况，联轴器可分为两大类。

a. 固定式联轴器。用在两轴能严格对中并在工作中不发生相对位移的地方。

b. 可移动式联轴器。用在两轴有偏斜或在工作中有相对位移的地方。

可移式联轴器按照补偿位移的方法不同分为刚性可移式联轴器和弹性可移式联轴器两类；弹性联轴器又可按刚度性能不同分为定刚度弹性联轴器和变刚度弹性联轴器。

②联轴器装配。

a. 联轴器装配时，两轴的同轴度与联轴器端面间隙，必须符合设计规范或设备技术文件的规定。

b. 联轴器的同轴度应根据设备安装精度的要求，采用不同的方法测量，如用刀口直尺、塞尺或百分表等。

c. 联轴器套装时，一般为过盈配合使联轴器和轴牢固地连在一起，有冷压装配和热装配法。如联轴器直径过小，过盈量又不大，可采用冷装配；联轴器直径较大，过盈量大时，应采用加热装配。

d. 联轴器装配前,应检查键的配合和测量轴与孔的过盈量。联轴器与轴装配好后,用百分表测量轴向和径向跳动值(即同心度和端面瓢偏度)并确定其偏差位置,用刀口直尺检查同轴度时应将误差点消除。

③离合器。根据工作原理的不同,离合器有嵌入式、摩擦式、磁力式等数种。它们分别利用牙或齿的啮合、工作表面间的摩擦力、电磁的吸力等来传递扭矩。

a. 离合器的装配应使离合器结合和分开动作灵活;能传递足够的扭矩;传动平稳。

b. 摩擦式离合器装配时,各弹簧的弹力应均匀一致,各连接销轴部分应无卡阻现象,摩擦片的连接铆钉应低于表面0.5mm。

c. 圆锥离合器的外锥面应接触均匀,其接触面积应不小于85%。

d. 牙嵌式离合器回程弹簧的动作应灵活,其弹力应能使离合器脱开。

e. 滚柱超越离合器的内外环表面应光滑无毛刺,各调整弹簧的弹力应一致,弹簧滑销应能在孔内自由滑动,不得有卡阻现象。

(6)具有过盈配合件装配。

零件之间的配合,由于工作情况不同,有间隙配合、过盈配合和过渡配合。其中过盈配合在机械零件的连接中应用十分广泛。

过盈配合装配前应测量孔和轴的配合部位尺寸及进入端倒角的角度与尺寸。测量孔和轴时,应在各位置的同一径向平面上互成90°方向各测一次,求出实测过盈量平均值。根据实测的过盈量平均值，按设计要求和表 2-1 选择装配方法。

表 2-1　　具有过盈的配合件装配方法

<table>
<tr><th colspan="3">配合类别</th><th rowspan="2">配合特性</th><th rowspan="2">装配方法</th></tr>
<tr><th>装配形式</th><th>基孔制</th><th>基轴制</th></tr>
<tr><td rowspan="2">过渡配合</td><td>$\frac{H_7}{H_6}$</td><td>$\frac{H_7}{h_6}$</td><td>用于稍有过盈的定位配合，例如为了消除振动用的定位配合</td><td>一般采木锤装配</td></tr>
<tr><td>$\frac{H_7}{H_6}$</td><td>$\frac{H_7}{h_6}$</td><td>平均过盈比$\frac{H_6}{H_6}$(或$\frac{K_7}{h_6}$)大，用于有较大过盈的更精密的定位</td><td>用锤或压力机装配</td></tr>
<tr><td rowspan="3">过盈配合</td><td>$\frac{H_7}{P_6}$</td><td>$\frac{P_7}{h_6}$</td><td>小过盈配合，用于定位精度特别重要，能以最好的定位精度达到部件的刚性及同轴度要求，但不能用来传递摩擦负荷，需要时易拆除</td><td>用压力机装配</td></tr>
<tr><td>$\frac{H_7}{S_6}$</td><td>$\frac{S_7}{h_6}$</td><td>中等压入配合，用于钢制和铁制零件的半永久性和永久性装配，可产生相当大的结合力</td><td>一般用压力机装配，对于较大尺寸和薄壁零件需用温差法装配</td></tr>
<tr><td>$\frac{H_7}{U_6}$</td><td>$\frac{U_7}{h_7}$</td><td>具有更大的过盈，依靠装配的结合力传递一定负荷</td><td>用温差法装配</td></tr>
</table>

过盈配合装配方法常用的有冷态装配和温差法装配。

①冷态装配。冷态装配是指在不加热也不冷却的情况下进行压入装配。压入配合应考虑压入时所需要的压力和压入速度，一般手压时为 1.5t；液压式压床时为10～100t；机械驱动的丝杆压床为5t。压入装配时的速度一般不宜超过2～5m/s。

冷态装配时，为保证装配工作质量，应遵守下列几项规定：

a. 装配前，应检查互配表面有无毛刺、凹陷、麻点等缺陷。

b. 被压入的零件应有导向装配，以免歪斜而引起零件表面的损伤。

c. 为了便于压入，压入件先压入的一端应有 1.5～2mm 的圆角或 30°～45°的倒角，以便对准中心和避免零件的棱角边把互配零件的表面刮伤。

d. 压入零件前，应在零件表面涂一薄层不含二硫化钼添加剂的润滑油，以减少表面刮伤和装配压力。

②温差法装配。温差法装配的零件，其连接强度比常温下零件的连接强度要大得多。过盈量大于 0.1mm 时，宜采用温差法装配。零件加热温度，对于未经热处理的装配件，碳钢的加热温度应小于 400℃；经过热处理的装配件，加热温度应小于回火温度。温度过高，零件的内部组织就会改变，且零件容易变形而影响零件的质量。最小装配间隙，可按表 2-2 选取。

表 2-2　最小装配间隙

配合直径 d(mm)	≤3	3～6	6～10	10～18	18～30	30～50	50～80
最小间隙(mm)	0.003	0.006	0.010	0.018	0.030	0.050	0.059
配合直径 d(mm)	80～120	120～180	180～250	250～315	315～400	400～500	>500
最小间隙(mm)	0.069	0.079	0.090	0.101	0.111	0.123	

③热装配加热方法。热装配加热方法常用的有木柴(或焦炭)、氧、乙炔加热，热油加热，蒸汽加热和电感应加热。

热油装配时，机油加热温度不应超过 120℃。若使用过热蒸汽加热机件时，其加热温度可以比在机油中的加热温度略高，但应注意防止机件加工面生锈。

④冷却装配。对于零件尺寸较大的，热装配时不但需要花费很大能量和时间，而且还需要特殊装置和设备，这种零件装配

时，一般选择冷却装配法。常用的冷却方式有利用液化空气和固态二氧化碳（干冰）或使用电冰箱冷却等。干冰加酒精加丙酮冷却温度可为－75℃；液氨冷却温度可为－120℃；液氮冷却温度可为－195～－190℃。

(7)滑动轴承。

轴承是支承轴颈的部件，有时也用来支承轴上的同轴零件。按照承受载荷的方向，轴承可分为向心轴承和推力轴承两大类。根据轴承工作的摩擦性质，又可分为滑动摩擦轴承（具有滑动摩擦性质）和滚动摩擦轴承。

①滑动轴承的分类。常见的向心滑动轴承有整体式和剖分式两大类，主要用于高速旋转机械。

a. 整体式轴承。见图 2-6。轴承座用螺栓与机座连接，顶部设有装油杯的螺纹孔。轴承孔内压入用减摩材料制成的轴套，轴套内开有油孔，并在内表面上开油沟以输送润滑油。

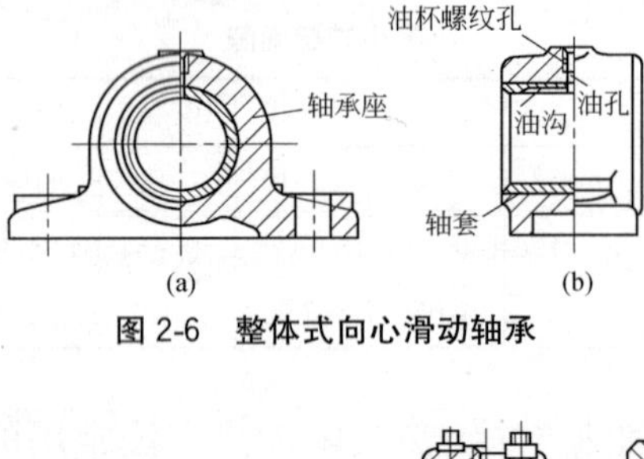

图 2-6　整体式向心滑动轴承

图 2-7　剖分式向心滑动轴承

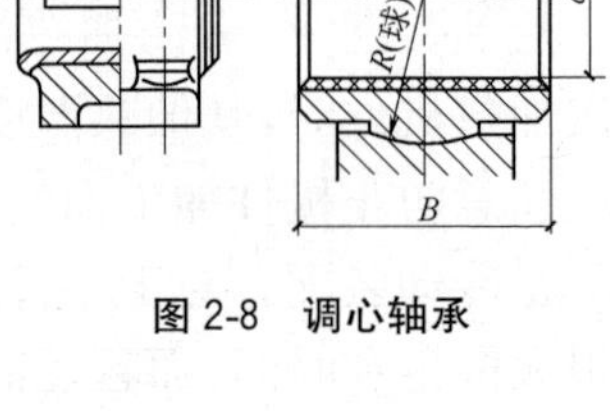

图 2-8　调心轴承

b. 剖分式轴承。见图 2-7、图 2-8。由轴承座、轴承盖、剖分轴瓦、轴承盖螺柱等组成。轴瓦是轴承直接和轴颈相接触的零件。在轴瓦内壁不负担载荷的表面上开设油沟，润滑油通过油孔和油沟流进轴承间隙。对于轴承宽度与轴颈直径之比大于 1.5 的轴承，可以采用调心轴承，见图 2-8，其特点是轴瓦外表面做成球面形状，与轴承盖及轴承座的球状内表面相配合，轴瓦可以自动调位以适应轴颈弯曲时所产生的偏斜。

②滑动轴承的材料。轴瓦和轴承衬的材料统称为轴承材料。对轴瓦材料的主要要求是：

a. 强度、塑性、顺应性和藏嵌性。

b. 跑合性、减摩性和耐磨性。

c. 耐腐蚀性。

d. 润滑性能和热学性质（传热性及热膨胀性）。

e. 工艺性。

轴瓦和轴承衬材料主要有轴承合金、轴承青铜、含油轴承和轴承塑料。

③轴承的润滑方法。轴承润滑的目的主要是减少摩擦功耗，降低磨损率，同时还可起到冷却、防尘、防锈以及吸振等作用。润滑油润滑方式可以是间歇的或是连续的。用油壶和用压配式压注油杯或旋套式注油油杯供油只能达到间歇润滑见图 2-9；采用滴点润滑、芯捻或线纱润滑、油环（轴转动时带动油环转动，把油箱中的油带到轴颈上进行润滑的方式）润滑、飞溅润滑及压力循环润滑能达到连续润滑，见图 2-10。

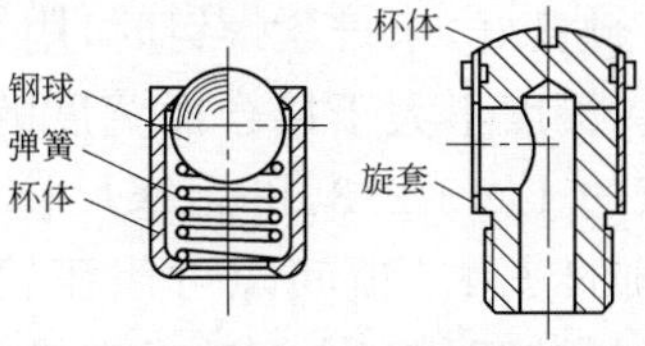

图 2-9　压配式压注油杯、旋套式注油油杯

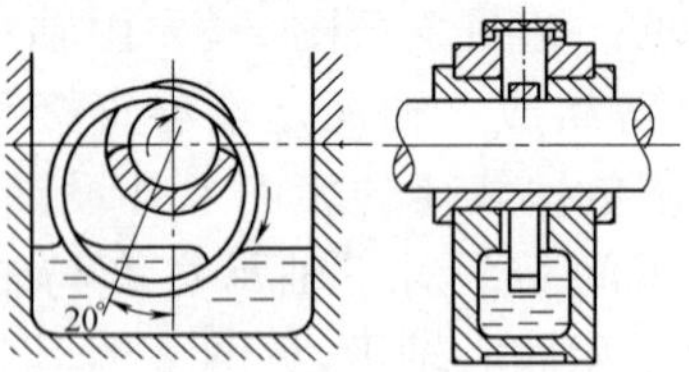

图 2-10　油环润滑

④轴承座的安装。安装轴承座时，必须把轴瓦和轴套安装在轴承座上，按照轴套或轴瓦的中心进行找正，同一传动轴的所有轴承中心必须在一条直线上。找轴承座时，可通过拉钢丝或平尺的方法来找正它们的位置。

⑤轴承的装配要求。

a. 上、下轴瓦背与相关轴承孔的配合表面的接触精度应良好。根据整体式轴承的轴套与座孔配合过盈量的大小，确定适宜的压入方法。尺寸和过盈量较小时，可用手锤敲入；在尺寸或过盈量较大时，则宜用压力机压入。对压入后产生变形的轴套，应进行内孔的修刮，尺寸较小的可用铰削；尺寸较大时则必须用刮研的方法。

剖式轴承的上、下轴瓦与相关轴颈的接触不符合要求时，应对轴瓦进行刮研，研瓦后的接触精度应符合设计文件的要求。研瓦时要在设备精平以后进行，对开式轴瓦一般先刮下瓦，后刮上瓦；四开式轴瓦先刮下瓦和侧瓦，再刮上瓦。

b. 轴瓦间隙应符合设计文件和规范的要求。厚壁轴瓦上、下瓦的接合面应接触良好，未拧紧螺钉时，用 0.05mm 塞尺从外侧检查接合面，塞入深度不大于接合面宽度的 1/3；与轴颈的单侧间隙应为顶间隙的 1/2～2/3，可用塞尺检查，塞尺塞入的长度一般不小于轴颈的 1/4。顶间隙可用压铅法并配合塞尺检查。薄壁轴承轴瓦与轴颈的配合间隙及接触状况一般由机械加工精度保证，其接触面一般不允许刮研。

用压铅法检查轴瓦与轴颈顶间隙时，铅丝直径不宜超过顶间隙的 3 倍，在轴瓦中分面处宜加垫片，并扣上瓦盖加以一定紧力进行测量。顶间隙可按下列公式计算，见图 2-11。

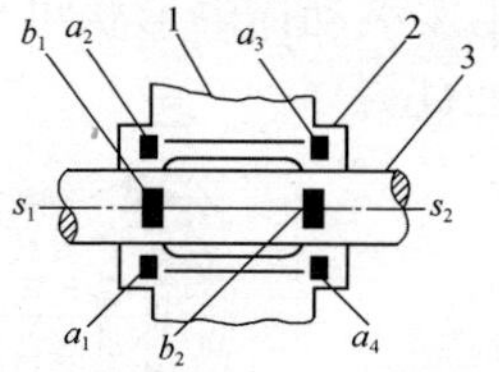

图 2-11　压铅法测量轴承间隙

1—轴承座；2—轴瓦；3—轴

$$S_1 = b_1(a_1 + a_2)/2 \tag{2-2}$$

$$S_2 = b_2(a_3 + a_4)/2 \tag{2-3}$$

式中　S_1——一端顶间隙，mm；

S_2——另一端顶间隙，mm；

b_2、b_1——轴颈上各段铅丝压扁后的厚度，mm；

a_1、a_2、a_3、a_4——轴瓦合缝处接合面上各垫片的厚度或铅丝压扁后的厚度，mm。

如果实测的顶间隙小于规定的值，应在上、下轴瓦之间加垫片；若实测顶间隙的值大于规定值，则用刮削上、下轴瓦结合面或减少垫片的方法来调整。

c. 润滑油通道应干净，位置应正确。

d. 在工作条件下，不发生烧瓦及“胶合”的情况。

e. 在轴承的所有零件中，只允许轴颈与轴衬之间发生滑动，上瓦与上瓦盖之间应有一定的紧力。

(8)滚动轴承。

典型的滚动轴承构造，见图 2-12(a)，由内圈、外圈、滚动体和保持架四元件组成。内圈、外圈分别与轴颈及轴承座孔装配在一起。多数情况是内圈随轴回转，外圈不动；但也有外圈回转、内圈不转或内外圈分别按不同转速回转等使用情况。

①按滚动体的形状可分为球形、圆柱形、锥柱形、鼓形等,见图 2-12(b)。

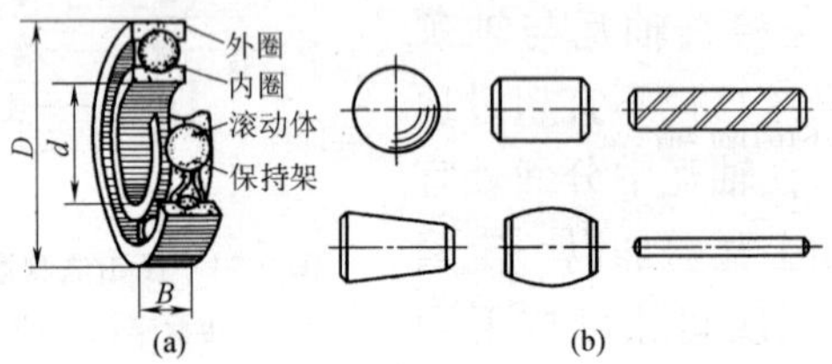

图 2-12　滚动轴承

(a)滚动轴承(球轴承)的构造;(b)滚动体的种类

②按承受载荷的方向可分为:

a. 向心轴承。主要承受或只能承受径向载荷。

b. 推力轴承。只能承受轴向载荷。

c. 向心推力轴承。能同时承受径向和轴向载荷。

滚动轴承与滑动轴承相比,具有摩擦系数小、运行平稳、精度高、易启动;结构紧凑、消耗润滑剂少;对轴的材料和热处理要求不高及易于互换等优点。

③滚动轴承的失效形式。滚动轴承的失效形式主要有疲劳破坏和永久变形,具体有以下几种:

a. 点蚀。滚动轴承受载荷后各滚动体的受力大小不同,对于回转的轴承,滚动体与套圈间产生变化的接触应力,工作若干时间后,各元件接触表面都可能发生疲劳点蚀。

b. 塑性变形。在一定的静载荷或冲击载荷作用下,滚动体或套圈滚道上将出现不均匀的塑性变形凹坑。

c. 磨损。在多尘条件下工作的滚动轴承,虽然采用密封装置,滚动体与套圈仍有可能磨损,并引起表面发热、胶合,甚至使滚动体回火。

d. 其他还有由于操作、维护不当引起元件破裂、电腐蚀、锈蚀等失效形式。

④滚动轴承的配合。滚动轴承的内圈和轴的配合以及外圈和轴承座孔的配合将影响轴承的游隙，由于过盈配合所引起的内圈膨胀和外圈收缩，将使轴承的游隙减少。滚动轴承的配合，应根据滚动轴承的类型、尺寸、载荷的大小和方向以及工作情况决定。还要弄清在工作中它是内圈转动，还是外圈转动。因为转动的那一个座圈的配合，要比不转动的那个座圈的配合紧一些。滚动轴承与轴的配合按基孔制，与轴承座孔的配合按基轴制。

⑤滚动轴承的固定。轴和轴承零件的位置是靠轴承来固定的。工作时，轴和轴承相对机座不允许有径向移动，轴向移动也应控制在一定的限度内。限制轴的轴向移动有两种方式。

a. 两端固定。使每一支承都能限制轴的单向移动，两个支承合在一起就能限制轴的双向移动，即利用内圈和轴肩、外圈和轴承盖来完成。

b. 一端固定一端游动。使一个支承限制轴的双向移动，另一个支承游动。

内圈在轴上的轴向固定方法，见图 2-13。

用轴肩固定，见图 2-13(a)。

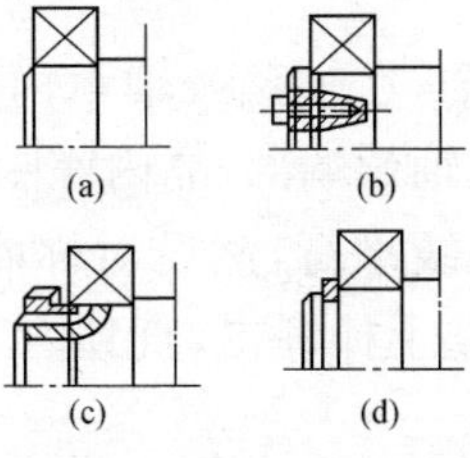

图 2-13　内圈的轴向固定

用装在轴端的压板固定,见图 2-13(b)。

用圆螺母和止动垫圈固定,见图 2-13(c)。

用弹性挡圈紧卡在轴上的槽中固定,见图 2-13(d)。

外圈的轴向固定方法,见图 2-14。

用轴承座上的凸肩固定,见图 2-14(a)。

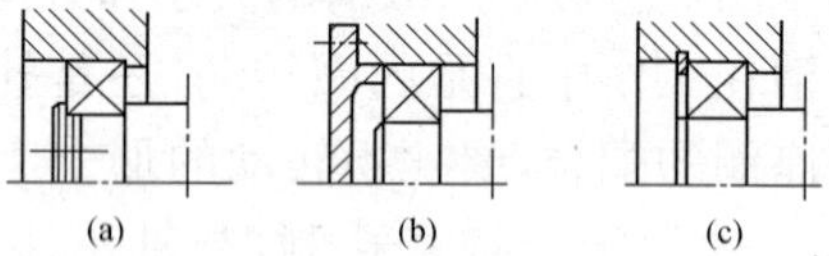

图 2-14 外圈的轴向固定

用轴承盖端压紧固定,见图 2-14(b)。

用弹性挡圈固定,见图 2-14(c)。

⑥滚动轴承的安装方法。一般情况下,用压力机将内圈压到轴颈上。中小型轴承采用软锤直接安装或加一段管子间接敲击内圈安装。尺寸大的轴承可用加热轴承的热装法或冷却轴颈的冷却法。

a. 热装法。热装原理是先将轴承在热油内加热,使轴承内径产生热膨胀,然后安装到轴颈上。具体做法是先将轴承放在机油中加热 15min 左右,温度不应超过 100℃,然后迅速取出,安装到轴上。

b. 锤击法。安装前,在轴颈或轴承内座圈的表面涂上一层机油,然后将轴承套在轴颈端部,靠内座圈的边缘垫上一根紫铜棒,棒中心线与轴中心线平行,然后对称而均匀地锤击,即在轴承座圈的两侧交替地垫上棒锤击,直到内座圈与轴肩靠紧为止,见图 2-15(a)。

为了使轴承受力对称,也常采用一根套管作为锤击时传递力量的工具。见图 2-15(b)。套管以紫铜的最好,用低碳钢管也可以。套管的端面要平,而且应该与套管的中心线垂直。使用时将轴承套在轴端上,再把套管的一个端面与轴承座内圈的端面贴合。在套管的另一个端面上焊上用锤敲击管子的端盖。这时座圈受力对称,装起来也顺利,但是它的适用范围不大。

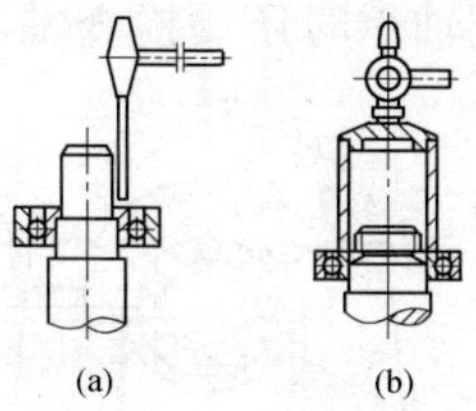

图 2-15 滚动轴承安装法

(a)锤击法;(b)用套管锤击法

c. 压力机压入法。用锤击法,不论采用紫铜棒,还是采用套管,都不十分理想,因为它们传到轴承上的力都是冲击力,而且又不均匀。为了使轴承受力对称、均匀,避免冲击,常采用压入的方法,即用压力机代替锤头,传递力量仍然利用套管,具体做法见图 2-15(b)。

d. 在剖分式轴承座上的安装应先将轴承装在轴上,然后整体放在轴承座里,盖上轴承盖即可。但是剖分式轴承座不允许有错位和轴瓦口两侧间隙过小的现象,若有此情况,应该用刮刀进行修整。轴瓦(轴套)与上盖接触面的夹角应在 80°～120°之间,与底座接触面的夹角应为 120°,见图 2-16。并且上、下接触面都应在座孔面的中间。

e. 止推轴承的安装。止推轴承的活套圈与机座之间应保证有 0.25～1.0mm的间隙,见图 2-17。若它的两个座圈内径不一致时,应把内径小的座圈安装在紧靠轴肩处。因此安装前要进行测量,否则容易装错。

所有滚动轴承座盖上的止口都不应偏斜,止口端面应垂直于盖的对称中心线;如有偏斜,要加以修正。油毡、皮胀圈等密封装置,必须严密。迷宫式的密封装置,在装配时应填入干油。

装配轴承时还要检查轴承外圈是否堵住油孔及油路。

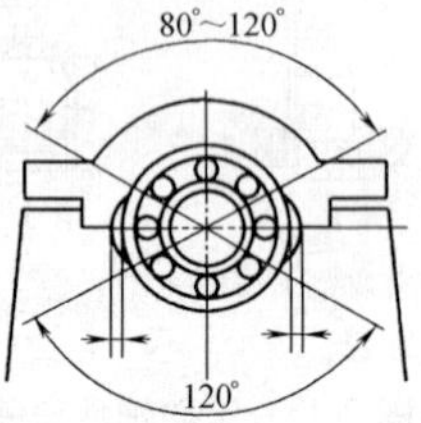

图 2-16 轴承外套与轴承座接触面的角度

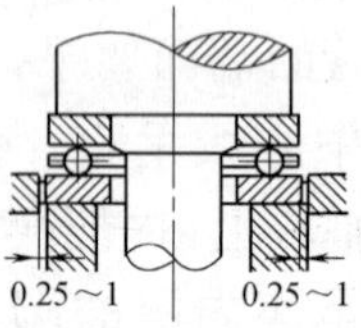

图 2-17 止推轴承的活套与机座之间的装配间隙

滚动轴承径向有一定的游隙，其最大间隙位置应在上面，当轴承座上盖拧紧螺钉后，其间隙不应有变化。在拧紧螺钉前后，用手轻轻转动轴承时，感觉应当同样轻快、平稳，不应有沉重的感觉。

⑦滚动轴承间隙量的调整。滚动轴承的间隙也分为径向和轴向两种，间隙的作用，在于保证滚动体的正常运转、润滑以及作为热膨胀的补偿量。

滚动轴承安装时，一般需要调整间隙的都是圆锥滚子轴承，它的调整是通过轴承外圈来进行的，主要的调整方法有以下三种：

a. 垫片调整。先用螺钉将卡盖拧紧到轴承中没有任何间隙时为止，见图 2-18，同时最好将轴转动，然后用塞尺量出卡盖与机体间的间隙，再加上所需要的轴向间隙，即等于所需要加垫的厚度。假定需要几层垫片叠起来用时，其厚度一定要以螺钉拧紧之后再卸下来测量的结果为准，不能以几层垫片直接相加的厚度计算，否则会造成误差。

b. 螺钉调整。见图 2-19(a)，先把调整螺钉 1 上的锁紧螺母 2 松开，然后拧紧调整螺钉，使它压到止推环上，止推环挤向外座圈，直到轴转动时吃力为止。最后，根据轴向间隙的要求，将调整螺钉倒转一定的角度，并把锁紧螺母2拧紧，以防调整螺钉在设备运转中产生松动。

c. 止推环调整。见图2-19(b)，先拧紧止推环3，直到轴转动吃力时为止，然后根据轴向间隙的要求，将止推环轴承安装好之后，倒拧一定的角度，最后用止动片4予以固定。

轴承间隙调整好以后，还要进一步检查调整得是否正确，可以用塞尺或百分表测量轴向间隙值，以达到检查目的。

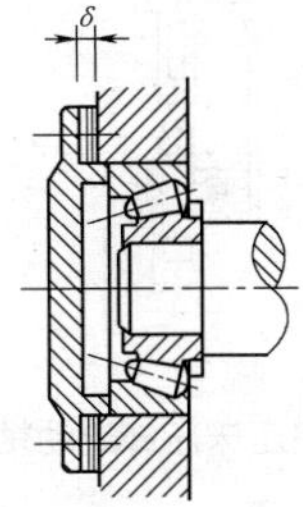

图2-18　垫片调整法

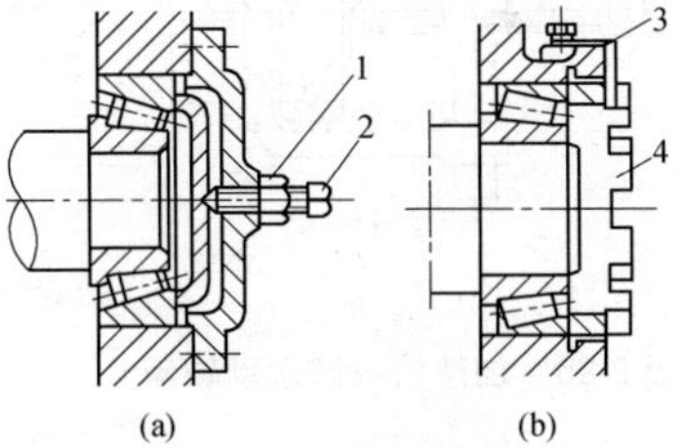

图2-19　螺钉调整

(a)螺钉调整；(b)止推环调整

1—调整螺钉；2—锁紧螺母；3—止推环；4—止动片

⑧滚动轴承的拆卸。

a. 锤击拆卸。锤击拆卸是把连同滚动轴承的部件安装在台虎钳上，然后用锤头击卸，击卸时应谨慎小心，以免打坏零件。锤击要左右对称地交换着进行，切不可只在一面敲击，否则座圈就会破裂。

b. 加热拆卸。根据金属热胀冷缩的特性，来拆卸零件。这种方法适用于过盈量大、尺寸也大的滚动轴承拆卸。

加热拆卸轴承时，机油的加热温度约100℃左右。并将轴承放置成见图2-20所示位置，稍微拧紧钩爪器上的丝杆，然后将热油浇在滚动轴承的内圈上，使内圈受热膨胀，此时尽可能不让热油与轴接触,可将轴端用浸湿的冷布包扎起来,当内圈受热膨胀与轴配合松动时,即可轻松地将轴承卸下来。拆卸时,钩爪器的丝杠要顶住轴端,再拧紧丝杠即可。

c.压力拆卸。这种拆卸方法加力比较均匀,也能控制方向,适用于大尺寸的滚动轴承,见图 2-21 为用压床压出滚动轴承的方法。

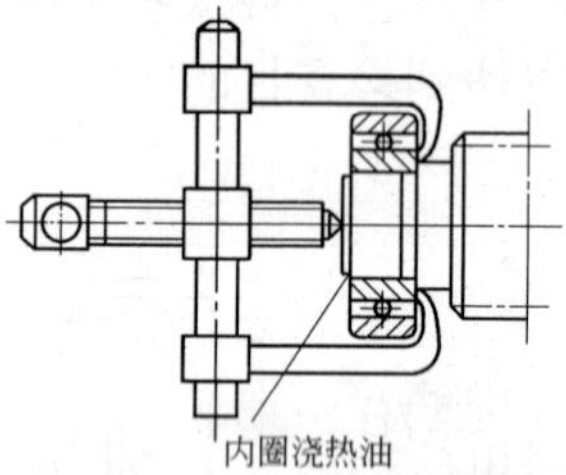

图 2-20 加热法拆卸滚动轴承

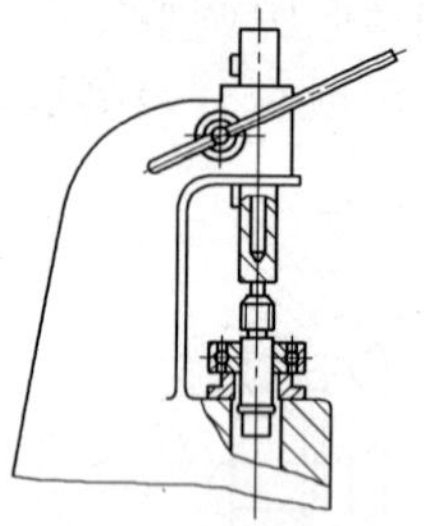

图 2-21 用压床压卸滚动轴承

(9)齿轮装配。

①齿轮在轴上装配。齿轮在轴上装配前,应当仔细地检查齿轮轴孔和轴的配合表面的加工光洁度、尺寸公差和几何形状偏差等。将齿轮装配在轴上时,齿轮的节圆中心线应与轴中心线相重合,齿轮的端面应与轴中心线垂直并应紧靠轴肩。齿轮装配正确与否,可以通过测量齿轮轮缘的径向跳动和端面跳动来检查。

当传动力矩较大时,常采用较大过盈量来配合。装配时可采用压力装配或加热装配。

②装配检查。影响齿轮传动的准确性是由于存在加工和装配误差,影响齿轮啮合质量的好坏主要是齿轮中心距和齿轮轴的平行度,其中安装中心距是影响齿侧间隙大小的主要因素。

a.齿侧间隙的检查。齿侧间隙的检查方法有塞尺法、压铅法和百分表法。

塞尺法：用塞尺直接测量齿轮的顶间隙和侧间隙。

压铅法：见图2-22，压铅法是测量顶间隙和侧间隙最常用的方法。测量时将直径不超过间隙3倍的铅丝，用油脂粘在直径较小的齿轮上；铅丝长度不应小于5个齿距；对于齿宽较大的齿轮，沿齿宽方向应均匀放置至少2根铅条。然后使齿轮啮合滚压，压扁后的铅丝厚度，就相当于顶间隙和侧间隙的数值，其值可用千分尺测量。铅丝最后部分的厚度为顶间隙，相邻最薄处部分的厚度之和为侧间隙。齿侧间隙应符合设备技术文件的规定。

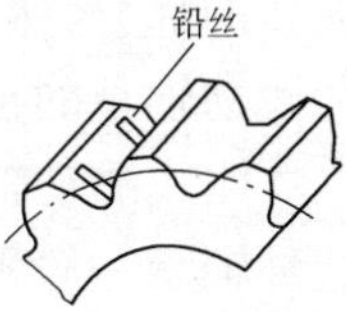

图2-22　压铅法检查侧隙

b. 接触斑点的检查。安装现场检查齿轮的接触斑点常采用涂色法检查。一般用加少量机油的红丹粉涂色于直径较小的齿轮上，用小齿轮驱动直径较大的齿轮，使大齿轮转动3～4圈，然后在大齿轮上（也可在小齿轮上）观察接触痕迹，作为接触斑点，对于双向工作的齿轮，应在正反方向都做接触斑点的检查。圆柱齿轮和蜗轮的接触斑点应趋于齿轮侧面的中部；圆锥齿轮的接触斑点应趋于齿侧面的中部并接近小端。

（10）典型及精密部件的检修与刮研。

①齿轮副的检修。齿轮副经过一定时间的运转，会产生不同程度的磨损。齿轮磨损严重或齿崩碎，一般情况下均更换新的，由于小齿轮和大齿轮啮合，往往小齿轮磨损快，所以应及时更换小齿轮，以免加速大齿轮磨损，更换时要注意齿轮的压力角要相同；以免加速机构及齿轮的磨损。蜗轮副的修理，主要包括蜗轮座和蜗轮副的修理，圆锥齿轮因磨损造成侧间隙时，其修理

方法是沿轴线移动调整。

对于大模数齿轮的齿轮局部崩裂，可用气焊把金属熔化堆积在损坏的部分，然后经过回火，再加工成准确的齿形。

②滑动轴承的检修。

a. 整体式滑动轴承的修理。

这种轴承一般采用更换的方法，但对大型轴承或贵重金属材料的轴承，可采用金属喷镀的方法或将轴套切去部分，然后合拢以缩小内孔，再在缺口上用铜焊补满，最后通过喷镀或镶套以增大外径。

b. 内柱外锥式滑动轴承的修理。

这类轴承修理应根据损坏情况进行。如工作表面没有严重擦伤，而仅做精度修整时，可以通过螺母来调整间隙。当工作表面有严重擦伤时，应重新刮研轴承，恢复其配合精度。当没有调节余量时，可采用加大轴承外锥圆直径的方法，如采用电化铜的方法，增加它的调节余量。另外，也可在轴承小端，车去部分圆锥以加长螺纹长度，从而增加了它的调节范围，当轴承变形或磨损严重时，则应更换新的轴承。

c. 剖分式(对开式)滑动轴承的修理。

对开式滑动轴承经使用后，如工作表面轻微磨损，可以通过调整垫片重新进行修刮，以恢复其精度。对于巴氏合金轴瓦，如工作表面损坏严重时，可重新浇巴氏合金，并经机械加工，再进行修刮，直至符合要求为止。

③一般轴的修复工艺。

a. 轴变形弯曲。当轴颈小于 50mm，轴的弯曲变形量大于 0.006％时，采用冷校直，用百分表检验其弯曲量，并在最大弯曲点做记号，然后放在专用的工具或压力机上进行校直。当轴颈大于 50mm，不适于冷校直的轴，可采用热校法，它是用气焊加热最大弯曲处或相邻部位，使轴的局部受热膨胀，使伸长量达到原轴最大弯曲值的2～3倍(根据轴的直径大小而定)，然后迅速冷却使轴校直。采用热校直的方法简单可靠，精度可达0.03mm。

b. 当轴颈的磨损量小于0.2mm，需要具有一定硬度时，可采用镀铬的方法进行修复，镀铬层的厚度一般为0.1～0.2mm，为保证原尺寸精度，镀层应具有0.03～0.1mm的磨削余量。受冲击荷载的零件，因镀铬层受冲击易剥落，故不宜镀铬。

④主轴的修复工艺。主轴的精度比一般的轴要求高，主轴容易磨损和损伤的部位主要是在轴颈和主轴锥孔部分。主轴轴颈可用百分尺测量轴颈的椭圆度、锥度。如轴颈表面粗糙度磨损小且均匀，可用调整轴承间隙的方法来消除，如轴颈圆度或圆柱度超差，可以用磨削加工来提高精度。

⑤机床导轨的修理。机床导轨的主要功能是导向和承载，如工作导轨(动导轨)和床身导轨(静止的支承导轨)等，导轨在工作中必须满足其基本要求：导向精度、导轨精度的保持性、低速运动的均匀性、导轨面加工精度、表面粗糙度及承载能力等。

机床导轨的检修，不但直接影响被加工零件的精度，而且是其他部件精度检查的基准。因此机床导轨的修理，要保证它本身的表面质量和尺寸、形状精度，以及保证它与其他有关部件的位置精度。

a. 导轨面检修的一般原则。

导轨的检修一般有刮削、精刨和磨削等方法，刮削的精度高、耐磨性好但劳动强度大，目前对于大型导轨一般采用精刨，中小型导轨采用磨削。

选择合适的导轨作为刮削的基准导轨；对相同截面形状的组合导轨，应先刮削原设计导轨面或刮削工作量少的导轨面，并以此作为基准来刮削与其组合的另一导轨；刮削导轨时，一般应将导轨放置在坚实的基础上，保证其处于自然状态下；当机床导轨面磨损大于 0.3mm 时，为减少刮研工作量，应磨削或精刨后再进行刮研。

b. 导轨几何精度的检查。

导轨几何精度的检查方法很多，如研点法、直尺拉表比较法、垫塞法、拉钢丝检测法和水平仪检测法，下面介绍常用的水平仪检测法。

水平仪检测法检查导轨几何精度值，是根据每测量段(200mm或 500mm)所测量的数据，通过计算或作图来确定导轨误差的大小。

二、传动机构与传动

1. 凸轮机构

凸轮机构是一个具有曲线轮廓或凹槽的构件，它运动时，通过高副接触可以使从动件获得连续或不连续的任意预期运动。在自动化和半自动化机械中应用非常广泛。凸轮机构是由凸轮、从动件、机架三个基本构件组成的高副机构。

(1)按凸轮的形状分类。

①盘形凸轮。它是凸轮的最基本形式(图 2-23)。是一个绕固定轴线转动并具有变化半径的盘形零件。

②圆柱凸轮。见图 2-24，是将移动凸轮卷成圆柱体而演化成的。

③移动凸轮。当盘形凸轮的回转中心趋于无穷远时，凸轮相对机架作直移运动(图 2-25)。

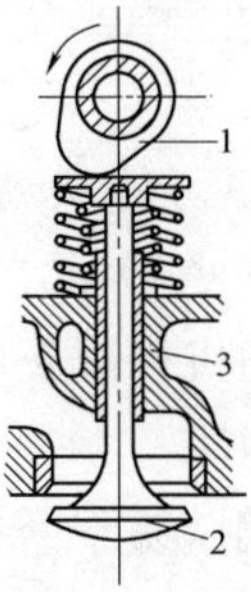

图 2-23　凸轮的基本形式

1—盘形凸轮；2—从动件；
3—机架

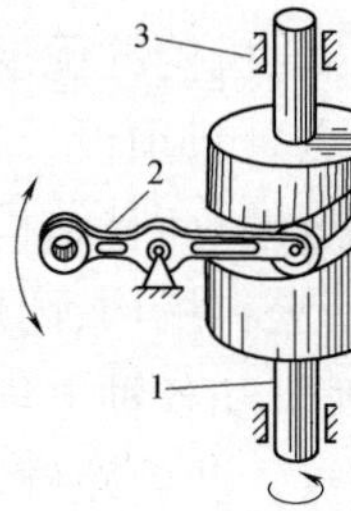

图 2-24　圆柱凸轮

1—圆柱凸轮；2—从动件；
3—机架

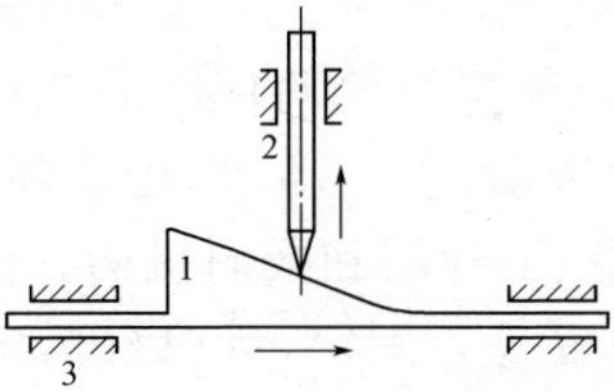

图 2-25　移动凸轮

1—移动凸轮；2—从动件；3—机架

盘形凸轮和移动凸轮与从动件之间的相对运动为平面运动；而圆柱凸轮与从动件之间的相对运动为空间运动。

(2)按从动件的形式分类。

①尖底从动件。见图 2-25，尖底能与任意复杂的凸轮轮廓保持接触，从而使从动件实现任意运动。但因为尖底易于磨损，故只用于传力不大的低速凸轮机构中。

②滚子从动件。见图 2-24。这种从动件耐磨损，可以承受较大的载荷，故应用最普遍。

③平底从动件。见图 2-23。这种从动件的底面与凸轮之间

易于形成楔形油膜，故常用于高速凸轮机构之中。

(3)凸轮机构的优缺点。

①优点。只须设计适当的凸轮轮廓，便可使从动件得到任意的预期运动，而且结构简单、紧凑、设计方便，因此在自动机床进刀机构、上料机构、内燃机配气机构、制动机构以及印刷机、纺织机、插秧机和各种电气开关中得到广泛运用。

②缺点。凸轮轮廓与从动件间为点接触，易于磨损，所以通常多用于传力不大的控制机构中。

2. 轮系

实际机械中常常采用一系列互相啮合的齿轮将主动轮和从动轮连接起来，这种多齿轮的传动装置称为轮系。轮系的主要功用是获得大传动、多传动、比传动和换向传动，它常被用作减速器、增速器、变速器和换向机构。根据轮系运转时其各轮几何轴线的位置是否固定，可以分为定轴轮系和周转轮系两大类。

(1)定轴轮系。当轮系运转时，各轮几何轴线位置均固定不动的称为定轴轮系或普通轮系。

(2)周转轮系。当轮系运转时，凡至少有一轮的几何轴线是绕另一齿轮的几何轴线回转的称为周转轮系。转轮系又可分为差动轮系和行星轮系。

3. 变速、变向机构

(1)变速机构。

变速机构是指在输入转速不变的条件下，使从动轮(轴)得到不同的转速的传动装置。例如机床主轴变速传动系统是将电动机的恒定转速变换为主轴的多级转速。

(2)变向机构。

变向机构的主要用途是改变被动轴的旋转方向。常用的有滑移齿轮变向机构、三星齿轮变向机构和圆锥齿轮变向机构。

4. 间歇运动机构

在各种自动和半自动的机械中,常需要其中某些机件具有周期性的时停时动的间歇运动机构。间歇机构的作用是:把主动件的连续运动变为从动件的间歇运动。

(1)棘轮机构。

①棘轮机构的工作原理。见图2-26,棘轮机构由刺轮、棘爪及机架组成。主动杆1空套在与棘轮轴固连的从动轴上。驱动棘爪4与主动杆1用转动副相联。当主动杆1逆时针方向转动时,驱动棘爪4便插入棘轮轴的齿槽使棘轮跟着转过某一角度。这时止回棘爪5在棘轮的齿背上滑过。当主动杆1顺时针方向转动时,止回棘爪5阻止棘轮发生顺时针方向转动,同时驱动棘爪4在棘轮的齿背上滑过,所以此时棘轮静止小动。这样,当主动杆1作连续的往复摆动时,棘轮3便作单向的间歇运动。杆1的摆动可由凸轮机构、连杆机构或电磁装置等得到。

按照结构特点,棘轮机构有摩擦棘轮机构和具有齿轮的棘轮机构两大类型。

②棘轮机构的作用和特点。棘轮机构的作用是:把主动件的连续运动变为从动件的间歇运动,使从动件具有周期性的时停时动的间歇运动机构。特点是结构简单,转角大小改变较方便。但它传递的动力不大,且传动的平稳性差,因此只适用于转速不高、转角不大的场合。

(2)槽轮机构。

槽轮机构分外啮合槽轮机构和内啮合槽轮机构。其特点是结构简单，工作可靠，在进入和脱离啮合时运动比较平稳，但槽轮的转角大小不能调节，所以槽轮机构一般应用在转速不高、要求间歇地转过一定角度的分度装置中，如在自动机上间歇地转动工作台或刀架。

(3)不完全齿轮机构。

不完全齿轮机构与普通渐开线齿轮机构不同之处是轮齿布满整个圆周，见图 2-27。当主动轮 1 作连续回转运动时，从动轮 2 可以得到间歇运动。不完全齿轮机构与其他间歇运动机构相比，结构简单，制造方便，从动轮的运动时间和静止时间的比例可不受机构结构的限制，它常用在计数器和某些进给机构中。

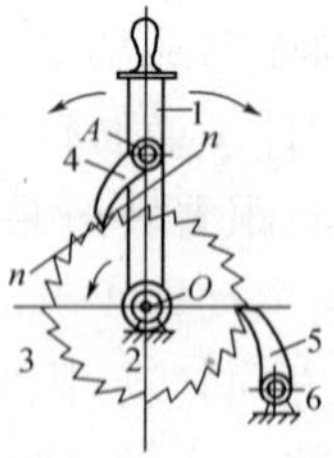

图 2-26　棘轮机构

1—主动杆；2—基座；3—棘轮；4—驱动棘爪；5—止回棘爪；6—基座

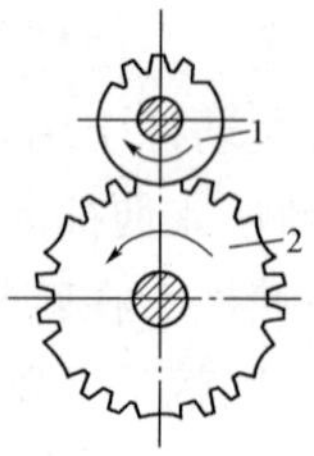

图 2-27　不完全齿轮机构

1—主动轮；2—从动轮

(4)星轮机构。

星轮机构的作用是使从动件达到运动时间与停止时间的不同，即在不同的运动时间内产生不同的传动比。

在星轮机构中，见图 2-28，主动轮上设置不等的多排滚子，其工作原理是当主动轮转动时，先由第一排滚子带动从动轮，接着由第二排、第三排等带动从动轮。由于不同排数的滚子与中心的距离不同，所以就有多种不同的传动比，使从动轮获得不同的转速。

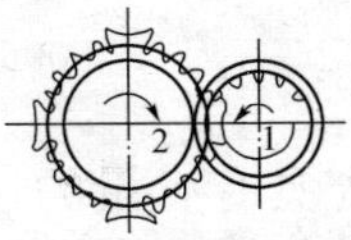

图 2-28 简单星轮机构

1—主动轮;2—从动轮

5. 皮带传动

皮带传动是在两个或多个带轮之间作为挠性拉曳元件的一种摩擦传动,常用于中心距较大的动力传动。带的削面形状有长方形、梯形和圆形三种,分别称为平形带、三角带和圆形带,此外还有多楔带和同步齿形带,见图 2-29。平形带、三角带应用最广。三角皮带在同样初拉力下,其摩擦力是平形皮带传动的 3 倍左右。平形皮带适用于两轴中心距离较大的传动,且可用于两垂直轴间传递力矩,圆形带只能传递很小的功率。

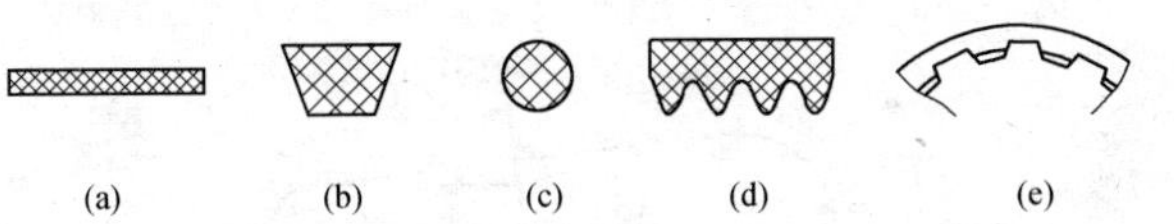

图 2-29 带的种类

(a)平形带;(b)三角带;(c)圆形带;(d)多楔带;(e)同步齿形带

(1)三角皮带传动的技术要求。

①皮带轮的装配要正确,其端面和径向跳动应符合技术文件要求。两轮的轮宽中央平面应在同一平面上。

②皮带轮工作表面的粗糙度要适当。皮带轮表面光滑则皮带容易打滑;表面粗糙,皮带工作时容易发热磨损。皮带的张紧力大小要适当。

③三角皮带传动的包角一般不小于 120°,个别情况下可

到 70°。

(2)皮带传动的装配。

①皮带轮与轴的装配具有少量的过盈或间隙，对于有少量过盈的配合，可用手锤或压力机装配。装配后，两轮的轮宽中央平面应在同一平面上。其偏移值：三角皮带轮不应超过 1mm；平形皮带轮不应超过 1.5mm。

②三角皮带装配时，先将皮带套在小皮带轮上，然后转动大皮带轮，用适当的工具将皮带拨入大皮带轮槽中。三角皮带与皮带轮槽侧面应密切贴合，各皮带的松紧程度应一致。平皮带装在皮带轮上时，其工作面应向内，平形皮带截面上各部分张紧力应均匀。

(3)皮带张紧力的调整。

皮带张紧力的大小是保证皮带正常传动的重要因素。张紧力过小，皮带容易打滑；过大皮带寿命低，轴和轴承受力大。合适的张紧力可根据以下经验判断：

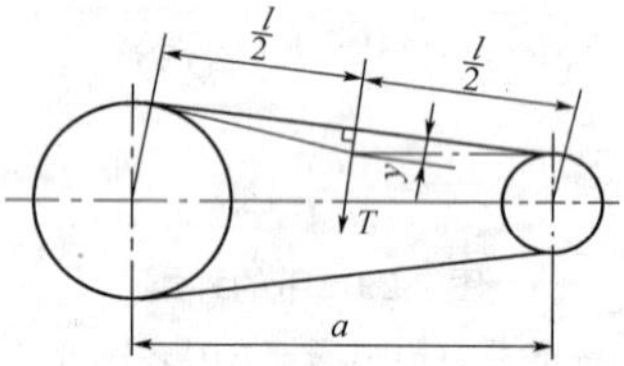

图 2-30　检验传动带张紧力加载示意图

①用大拇指在三角皮带切边的中间处，能将三角皮带按下 15mm 左右即可。

②通过带与两带轮的切边中点处垂直带边加一载荷 T，见图 2-30，使产生合适的张紧力所对应的挠度值 y，其计算公式：

$$y = a/50 \tag{2-4}$$

式中　y——三角皮带挠度值，mm；

a——两皮轮中心距，mm。

调整张紧力的方法较多，常用的有：改变皮带轮中心距；采用张紧轮装置（张紧轮一般应放在松边外侧，并靠近小皮带轮处，以增大其包角）；改变皮带长度（安装皮带时，使皮带周长稍小于皮带安装长度，皮带接好套上皮带轮之后，可使皮带产生一定初拉力）。

6. 链传动

链传动是在两个或多于两个链轮之间用链作为挠性拉曳元件的一种啮合传动。链传动具有效率高、传动轴间距离大、传动尺寸紧凑和没有滑动等优点。

(1)按照工作性质的不同，链有传动链、起重链和曳引链三种。其中传动链有套筒链、套筒滚子链、齿形链和成形链。

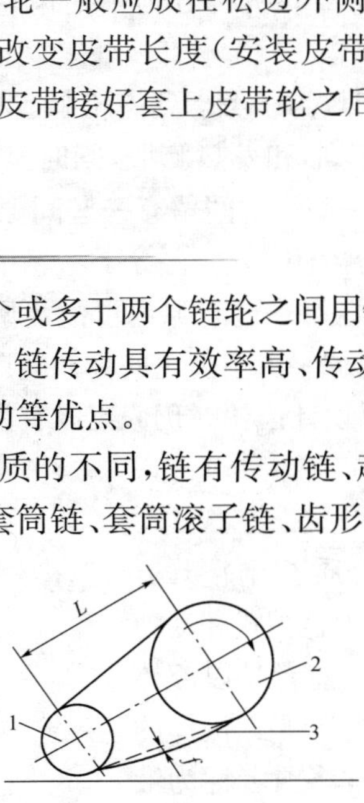

图2-31　传动链条弛垂度

1—从动轮；2—主动轮；3—从动边链条

(2)链传动装置技术要求。

装配前应清洁干净。主动链轮与被动链轮齿中心线应重合，其偏差不得大于两轮中心距的0.2%。链条工作边拉紧时，非工作边的弛垂度 f(图2-31)应符合设计规定。当无规定且链条与水平线夹角 α 小于60°时，可按两链轮中心距 L 的1%～4.5%调整，如从动边在上面，弛垂度宜取低值。

7. 齿轮传动

齿轮传动是靠齿轮间的啮合来传递运动和扭矩。按一对齿轮的相对运动，齿轮传动机构分为平面齿轮机构和空间齿轮机构两大类。

一对齿轮传动时，为了考虑到齿轮制造和装配时有误差以及齿轮工作时会发生变形和发热膨胀，同时又为了便于润滑起见，应使轮齿不受力的一侧齿廓间留有一些间隙，这空隙可沿两轮的节圆上来测量，称为齿侧间隙，它等于一轮节圆上的齿槽宽与另一轮节圆上的齿厚之差。这间隙也可沿齿廓的公法线方向来测量，称为法向齿侧间隙。由于齿轮的齿侧间隙是在规定齿轮公差时予以考虑的，所以设计齿轮时仍假定没有齿侧间隙存在。

8. 液压传动

液体作为工作介质进行能量的传递，称为液体传动。按其工作原理的不同，又可分为容积式和动力式液体传动两大类。前者是以液体的压力能进行工作，后者是以液体的动能进行工作。通常将前者称为液压传动，而后者称为液力传动。

(1)液压传动的基本工作原理。

见图 2-32 机床液压系统图，电动机带动液压泵 1 从油箱 7 中通过滤油器 6 及吸油管 10 吸油，以较高的油压将油输出，这样，液压泵就把发动机的机械能转换成液压油的压力能。压力油经过油

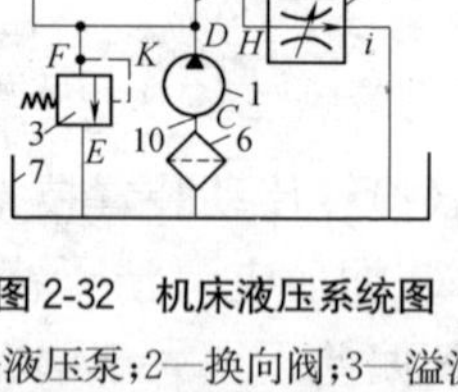

图 2-32　机床液压系统图

1—液压泵；2—换向阀；3—溢流阀；4—可调节流阀；5—液缸；6—滤油器；7—油箱；8—压力表；9—油管；10—吸油管

管9及换向阀2中的油液通道进入液缸5,使液压缸的活塞杆伸缩,带动机床的工作台 T 沿着机床床身的导轨往复移动,这样,液压缸就把压力油的压力能转换成移动工作台的机械能。换向阀2的作用是控制液流的方向;溢流阀3用于维持液压系统压力近似恒定;工作台 T 的速度改变由可调节流阀4来控制;油箱7用于储存油液并散热,滤油器6的作用是滤去液压油中的杂质,压力表8用以观察系统压力。

(2)液压系统的组成。

从图2-32机床液压系统工作原理中可知,液压系统由以下四部分组成:

①动力元件:液压泵。其职能是将机械能转换为液体的压力能,其吸油和压油过程(包括液压电机)都是利用空间密封容积的变化引起的。在液压泵中,柱塞泵压力较高,适于高压场合;螺杆泵噪声小、运转平稳、流量均匀。

②控制调节元件:各种阀。在液压系统中控制和调节各部分液体的压力、流量和方向,以满足机械的工作要求,完成一定的工作循环。

③执行元件:液动机。包括各种液压电机和液压缸,它是将液体的压力能转换成为机械能的机构。

④辅助元件。它包括油箱(储存油液并散热)、滤油器(滤去油中杂质)、蓄能器、油管及管接头、密封件、冷却器、压力继电器及各种检测仪表等。

三、设备基础安装

1. 设备基础检查处理

(1)设备基础的作用。

设备基础的作用一般有三种功能:根据生产工艺要求,把设备固定在一定位置上；承受设备的全部重量和工作时的振动力，并将这些力均匀地传递到大地中；吸收和隔离设备运转时产生的振动，防止发生共振现象。

为了满足以上三种功能，设备基础必须有足够的刚度、强度和稳定性。设备基础分为素混凝土基础和钢筋混凝土基础两大类。

(2)基础检查内容。

①根据工艺施工图结合设备图和建设单位提供安装的基础检验记录，核对基础的几何尺寸、标高、预埋件等。

②基础表面应无蜂窝、裂纹及露筋等缺陷，用 50N 重的手锤敲击基础，检查密实度，不得有空洞声音。地脚螺栓预留孔中应无油污、碎石、泥土和积水等杂物。

③对大型设备或高精度设备及冲压设备的基础，建设单位应提供基础预压记录及沉降观测点。

(3)基础的处理。

基础经验收后，如发现不符合要求的地方应进行处理，直到符合要求为止。根据设备基础不同的缺陷，其方法如下：

①当基础标高过高时，可用凿子将高出的部分凿去；当基础标高低于设计标高时，可将原基础表面铲出麻面后再补浇原强度等级的混凝土。

②当基础中心线偏差过大时，可用改变地脚螺栓的位置的方法来补救。

③地脚螺栓埋偏以后，如果偏差值不大，可调整地脚螺栓到正确位置；如果地脚螺栓的偏差过大，对于小地脚螺栓，可重新预埋；对较大的地脚螺栓，可采取挖到一定深度后将地脚螺栓割断，中间再焊上一块钢板的方法来纠正其偏差。

④对于地脚螺栓孔中心线发生偏移的情况，可用扩大地脚

螺栓孔的方法来修正其平面位置误差；对于地脚螺栓孔垂直度发生偏差时，可用修整地脚螺栓孔壁的方法来纠正。

2. 基础放线

一般设备安装时，采用几何法放线。基础放线前，应将基础表面冲洗干净，清除孔洞内的一切杂物。

(1)平面位置放线。

①根据施工图和有关建筑物的柱轴线、边沿线或标高线划定设备安装的基准线(即平面位置纵、横向和标高基准线)。

②较长的基础可用经纬仪或吊线的方法，确定中心点，然后划出平面位置基准线(纵、横向基准线)。

③基准线被就位的设备覆盖，但就位后又必须复查的应事先将基准线引出，并做好标志。

(2)根据安装基准线及轴心线。

机械设备的空间位置一般需要三个坐标的数值。而设备的安装基准线是由平面位置纵、横两个方向和标高位置组成。安装单机运转的设备，主要是找设备安装的水平度，而对设备安装方向，标高位置往往不作严格要求，一般只要求设备中心符合基础中心，或是离开厂房墙、柱一定距离，用墨线在基础上画出中心线，即可将设备就位。

有些设备虽属单机安装，但有排列要求，因而要考虑彼此间的操作距离和检修要求，所以要划定共同的安装基准线；对多机联动的自动作业线的安装，则要求安装位置和标高都十分准确，因为这些设备彼此互相联接，多工序是协同动作的，为此要埋设钢制的中心标板和基准点，把测出的标高和中心线位置标记出来，作为联动线中各单机设备共同安装的依据。

①中心标板。中心标板是在浇灌基础时，在联动机组两端

的基础表面中心线上埋设两块标板，作为设备基础放线时，挂设中心线的标定点。这样放线时投点准确，安装过程中找中心线时挂线有了可靠的基准。用来制作中心标板的材料有：钢轨、工字钢、槽钢、角钢等，尺寸长约 150～200mm、宽 30～60mm，用冲子打出一个很小的冲眼作为中心标点。

中心标板应埋设在机组基础表面的两端，每端一块；埋设标板时应将标板埋在基础的中心线上，中心标板可露出基础表面的高度约为 4～6mm。基础养护期满后，由测量人员在标板上定点，打上冲眼。为了便于识别可在冲眼上用红色油漆画圈标记。中心标板的埋设形式，一般有在基础表面埋设中心标板的，见图 2-33；有在沟道中埋设中心标板的，见图 2-34；有在基础边缘埋设中心标板的，见图 2-35。

②基准点。基准点就是在设备的基础表面靠近边缘处(不能在设备下面)埋设的金属件。当基础养护期满后，根据厂房的基准标高，测出它的标高，并标注清楚，作为安装设备时测量设备标高的依据。常用的基准点，见图 2-36。基准点用长约50mm的铆钉，在钉杆端焊上一块约 50mm 见方的铁板，或在钉杆上焊一根 U 形钢筋。铆钉圆头朝上，埋时露出基础顶面约 10mm。

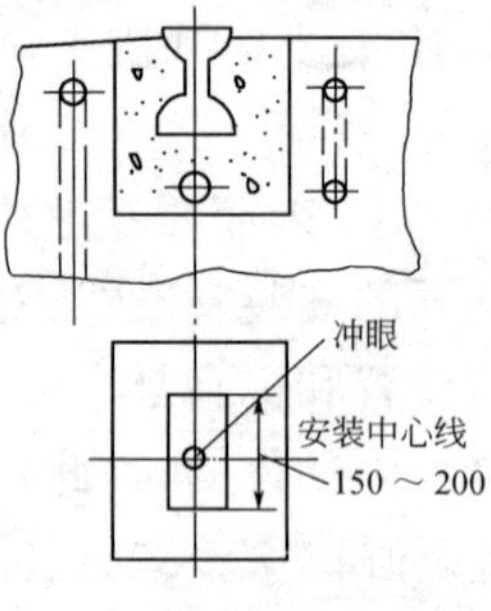

图 2-33　在基础表面埋设

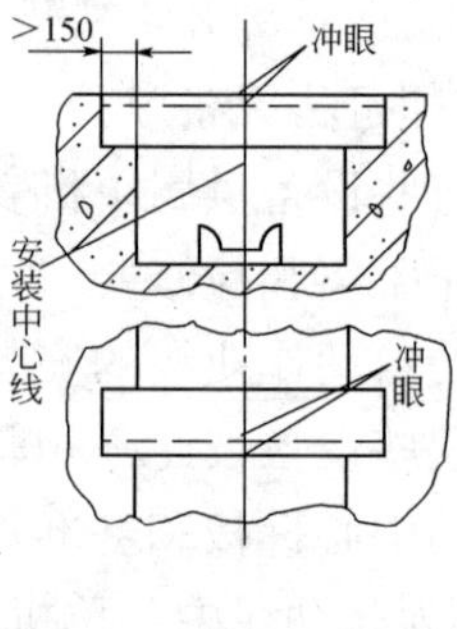

图 2-34　在沟道处埋设

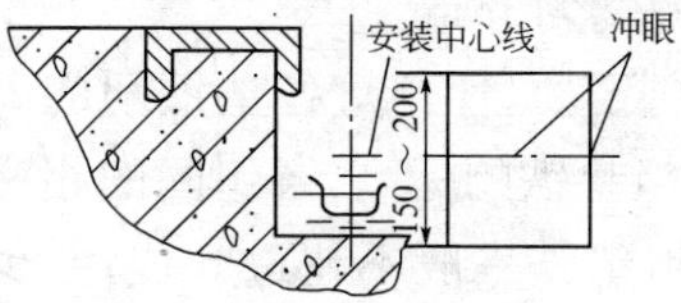

图 2-35　在基础边缘埋设

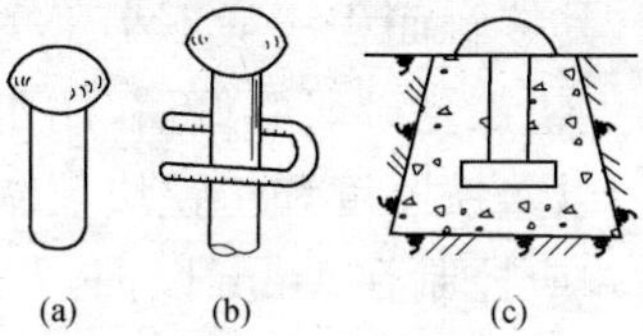

图 2-36　基准点和埋设方法
(a)基准点；(b)基准点；(c)埋设方法

在基础边缘埋设基准点的目的，是因为厂房内原有的基准点往往会被安装的设备挡住，对后安装的设备测量标高时，不方便，同时有的距离过远，测量准确性较差。

埋设基准点不宜过多，以免产生误差。基准点埋好后，在基础放线时，用水准仪测出标高，并标注在基准点上。为了保证准确性，对基准点要进行经常复查，避免同基础下沉等原因影响其正确性。基准点不用时，应用铁盒覆盖，保护好。

中心标板和基准点，应在浇灌基础时，配合土建埋设，也可在基础上预留埋设中心标板和基准点的孔洞，待基础养护期满后再埋设，但预留孔的大小要合适，孔要下大上小，位置适宜。

3. 基础研磨处理

对大型设备、高转速机构及安装精度要求较高或运行中有冲击的设备基础，为了机组的稳定性和受力均匀，应根据设计与设备技术要求，对基础安放垫铁位置部位(超过垫铁四周约20～30mm)进行研磨。

机组各组垫铁位置确定后，用扁铲对基础进行加工，应避免产生孔洞。基础研磨时，用水平仪在平垫板上测量水平度，其纵横之差一般不大于 0.01%，用着色法检查垫铁与基础的接触面积，其接触面积一般不小于70%，并均匀分布。

垫铁基础研磨好后，用水平仪或连通管测量各垫铁间的高差，以垫铁厚度和垫铁块数调整各组垫铁的标高，各组间的相对高差应控制在1mm以内，并且每组垫铁一般不超过5块，并少用薄垫铁。

垫铁位置以外的设备基础表层，凡需二次灌浆的部位应将基础表面浮浆打掉，并清洗干净，方能进行设备就位。

若采用座浆法放置垫铁，则设置垫铁基础部位应凿出座浆坑。座坑的长度和宽度应比垫铁的长度和宽度大60～80mm；座浆坑凿入基础表面的深度不应小于30mm，且座浆层混凝土的厚度不应小于50mm。

四、设备就位与安装

1. 设备搬运与开箱检查

(1)设备搬运。

设备搬运前应熟悉有关专业规程、设计和设备技术文件对设备搬运的要求，了解箱体的重量以及设备结构、捆扎点等，并根据运输道路确定搬运方案，对大型长体设备要明确支承点和吊运捆扎点。

(2)设备开箱准备工作。

设备开箱应在有关人员参加的情况下做好下述准备工作：

①查对箱号与设备型号，检查包装情况。

②清除箱板上的灰尘、泥土等污物。

③开箱时应从顶板开始拆除，查明箱内情况后，再采取适当方式拆除其他箱板。箱板拆除后应立即移到远处，以免箱板上的钉子刺伤手足。

(3)开箱时必须遵守下列事项：

①开箱时应采用合理工具，如起钉器和撬杠，严禁用大锤向箱体猛烈敲击。

②注意零件的合并与分拆，应按零件图纸加以核对。

③防腐涂料未清洗前，不得转动和滑动可转动的部件，禁止盲目敲打。

④对有缺陷和损坏的部分，应重点检查，若缺陷部分导致安装质量达不到"规范"要求，应协同各方另行确定安装质量和标准，并有记录。

(4)设备开箱后，在有关人员参加下，应有如下记录：

①箱号、箱数及包装情况。

②设备名称、型号和规格与施工图纸是否符合。

③装箱清单、随机技术文件、资料及专用工具。

④设备有无变形，表面有无损伤和锈蚀情况。

⑤其他需要记录的事项。

(5)设备开箱后的保管。

①不能及时投入组装的零部件，应将检查时所擦去的油脂重新涂好。

②对易碎、易散失和精密的零部件等，应单独登记编号，以免混淆或遗失。

③各种设备、零部件和专用工具等，施工中应妥善保管，防止变形、损坏、锈蚀、错乱或丢失，工程完工后，归还业主。

④设备箱内的电气、仪表件应由有关专业人员进行检查和保管。

2. 地脚螺栓

地脚螺栓的作用，是靠金属表面与混凝土间的黏着力和混凝土在钢筋上的摩擦力而将设备与基础牢固地连接。

(1)地脚螺栓的分类。

地脚螺栓可分为死地脚螺栓、活地脚螺栓和胀锚地脚螺栓三种。

①死地脚螺栓。死地脚螺栓通常用来固定工作时没有强烈振动和冲击的中小型设备，它往往与基础浇灌在一起，其长度一般在 300～1000mm 之间。其头部多做成开叉和带钩的形状，有时还在钩孔中穿上一根横杆以防扭转和增大抗拔能力，见图 2-37。

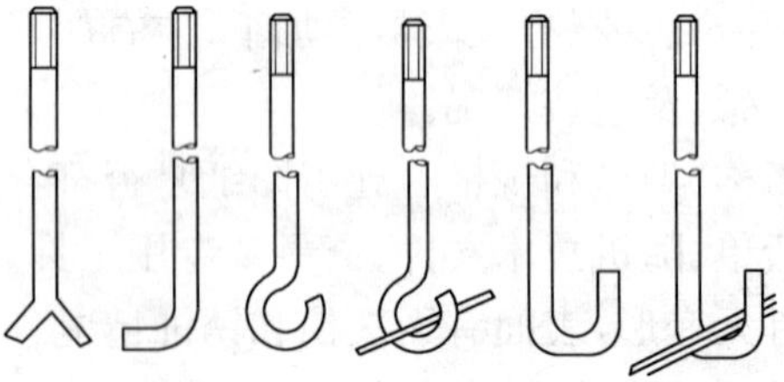

图 2-37　死地脚螺栓

②活地脚螺栓。通常用来固定工作时有强烈振动和冲击的重型设备，安装活地脚螺栓的螺栓孔内一般不用混凝土浇灌(多数情况下只装砂)，当需要移动设备或更换地脚螺栓时较为方便，它的长度一般为 1～4m。其结构一种是螺栓两端都带有螺纹，均使用螺母，另一种是顶端有螺纹，下端呈“T”字形，见图 2-38。活地脚螺栓必须与锚板配合使用。

③胀锚地脚螺栓。胀锚地脚螺栓又称锚固式螺栓或膨胀螺栓。这种地脚螺栓的特点是依靠螺杆在地脚螺栓孔内楔住的办法，使地脚螺栓与混凝土连成一体。胀锚地脚螺栓比死地脚螺栓施工简单、方便，定位精确。大多数情况下，螺栓直径限制在 25mm以下，并且要求在混凝土上打出高度精确的地脚螺栓孔，

见图 2-39。

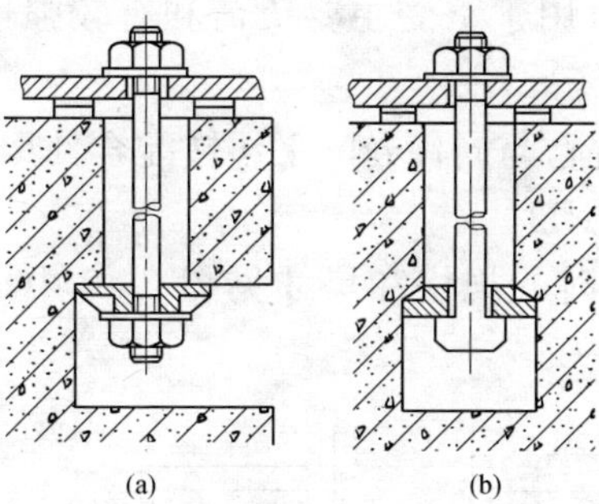

图 2-38　活地脚螺栓

(a)双头螺纹式;(b)"T"形头式

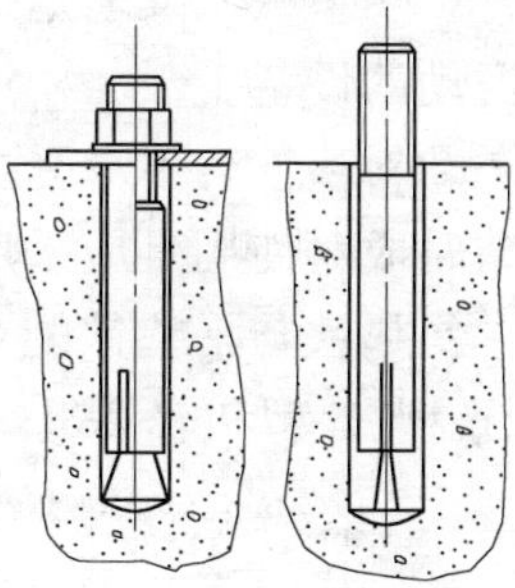

图 2-39　锚固式地脚螺栓

(2)地脚螺栓的形式和规格。

地脚螺栓的形式和规格应符合设备技术文件或设计规定,如无规定时,地脚螺栓的直径一般可按比设备的地脚螺栓孔径小 2～4mm 选取,长度可按下式计算:

$$L=15D+S \tag{2-5}$$

式中　L——地脚螺栓总长度,mm:

D——地脚螺栓的直径,mm;

S——垫铁高度、设备底座高度、垫圈和螺母厚度以及预留螺距 1.5～5 扣长度的总和,mm。

3. 垫铁

垫铁用于设备的找正、找平,使机械设备安装达到所要求的标高和水平,同时承担设备的重量和拧紧地脚螺栓的预紧力,并将设备的振动传给基础,以减小设备的振动。

(1)垫铁的种类和规格。

垫铁按其材质分为铸造垫铁和钢制垫铁;按其形状分为平

垫铁、斜垫铁、开口垫铁、钩头垫铁和可调垫铁等。

①平垫铁。又名矩形垫铁，用于承受主要负荷和有较强连续振动的设备。

②斜垫铁。不承受主要负荷，与同代号的平垫铁配合使用。安装时成对使用且应采用同一斜度。

斜垫铁与平垫铁配合使用时的规格和尺寸见图 2-40 中 A 型、B 型、C 型和表 2-3。

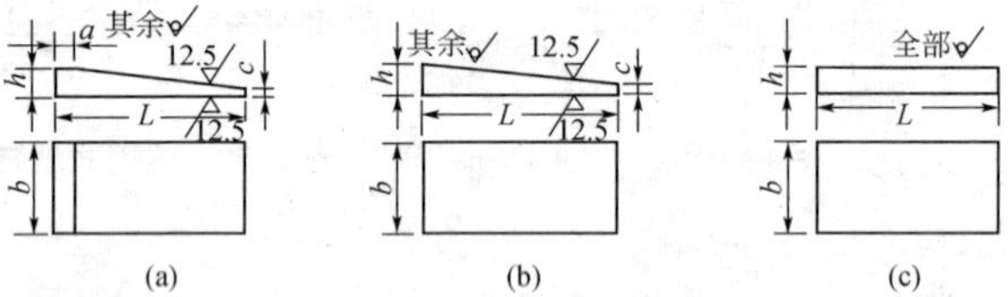

图 2-40 斜垫铁和平垫铁

(a)A 型；(b)B 型；(c)C 型

L—垫铁长度；b—垫铁宽度；h—垫铁厚度；c—斜垫铁加工端厚度；

a—A 型斜垫铁加工面剩余宽度

表 2-3 斜垫铁与平垫铁的规格和尺寸

斜垫铁									平垫铁 C 型		
A 型					B 型						
代号	L (mm)	b (mm)	c(mm) 最小	c(mm) 最大	代号	L (mm)	b (mm)	c (mm)	代号	L (mm)	b (mm)
斜 1A	100	50	3	4	斜 1B	90	50	3	平 1	90	50
斜 2A	140	70	4	8	斜 2B	120	70	4	平 2	120	70
斜 3A	180	90	6	12	斜 3B	160	90	6	平 3	160	90
斜 4A	220	110	8	16	斜 4B	200	110	8	平 4	200	110
斜 5A	300	150	10	20	斜 5B	280	150	10	平 5	280	150
斜 6A	400	20	12	24	斜 6B	380	200	12	平 6	380	200

③开口垫铁。用于安装在金属结构上面的设备，或用于设备是由两个以上地脚支承且地脚面积较小的场合。

④钩头垫铁。多用于不需要设置地脚螺栓的金属切削机床的安装。

⑤可调垫铁。一般用于精度要求较高的金属切削机床的安装。

(2)垫铁的布置。

①每个地脚螺栓两旁至少各有一组垫铁。

②垫铁组在能放稳和不影响灌浇的情况下，应尽可能靠近地脚螺栓。

③相邻两垫铁组间的距离，一般应为500～1000mm，每组垫铁的块数一般不超过5块，并尽量少用或不用薄垫铁，用薄垫铁时，薄垫铁应放在厚垫铁上面，垫铁的总高度宜控制在30～100mm之间。

④每一垫铁组的面积应能承受设备的负荷。

⑤垫铁应放置平稳，保证每块垫铁之间以及和基础面等的接触良好。

⑥设备找平后，垫铁应露出设备底座底面外缘，平垫铁露出10～30mm；斜垫铁露出10～50mm。地脚螺栓拧紧后，每组垫铁的压紧程度应一致。

⑦使用钢制垫铁时，要将几块垫铁相互焊牢，铸铁垫铁可不焊。

(3)每一组垫铁面积的确定。

每一组垫铁的面积应根据设备加在该垫铁组的重量和地脚螺栓拧紧力分布在该垫铁组上的压力来确定。其计算公式为：

$$A \geqslant C \times (Q_1 + Q_2) \times 10^4 / R \tag{2-6}$$

式中　A——垫铁面积，mm^2；

Q_1——由于设备等重量加在该垫铁组上的负荷,N;

Q_2——由于地脚螺栓拧紧力所分布在该垫铁组上的压力,N,可取螺栓的许可抗拉力;

R——基础或地坪混凝土的单位面积抗压强度,MPa,可取混凝土设计强度;

C——安全系数,宜取 1.5～3。

(4)垫铁的布置方式。

垫铁的布置方式一般有标准垫法、十字垫法、井字垫法、筋底垫法、辅助垫法和混合垫法。

①标准垫法。见图 2-41,垫铁放置在靠近螺栓两侧,这是布置垫铁的基本方法,一般设备的安装常采用此方法。

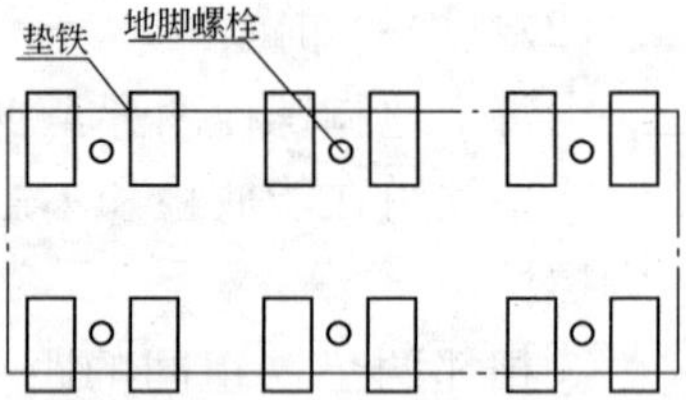

图 2-41 标准垫法

②十字垫法。见图 2-42,设备底座小,地脚螺栓间距近时常采用此法,一般常用于小型设备。

③井字垫法。见图 2-43,设备底座近似方形,设备底座大些时用此方法。

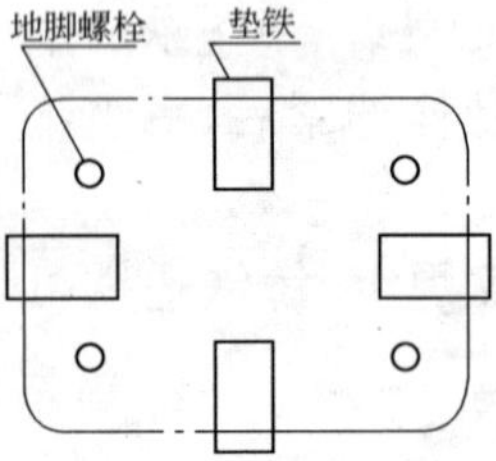

图 2-42 十字垫法

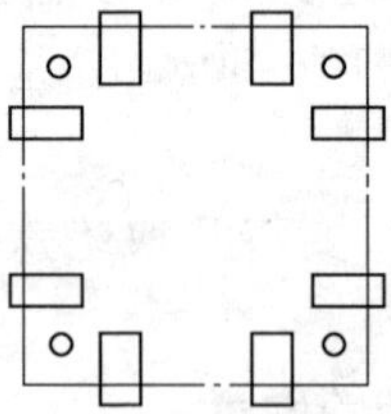
图 2-43 井字垫法

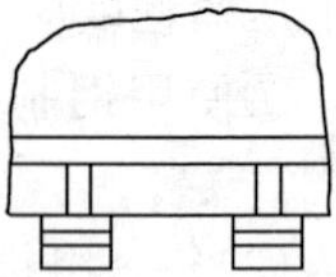
图 2-44 筋底垫法

④筋底垫法。见图 2-44,当设备底座下部有筋条时,把垫铁放在筋条下面,以加强设备底座的刚性。

⑤辅助垫法。见图 2-45，当地脚螺栓的间距较远时，应在地脚螺栓的中间位置加一组垫铁，即辅助垫铁。

⑥混合垫法。见图 2-46，设备底座形状复杂且地脚螺栓间距较大时常采用的一种方法。

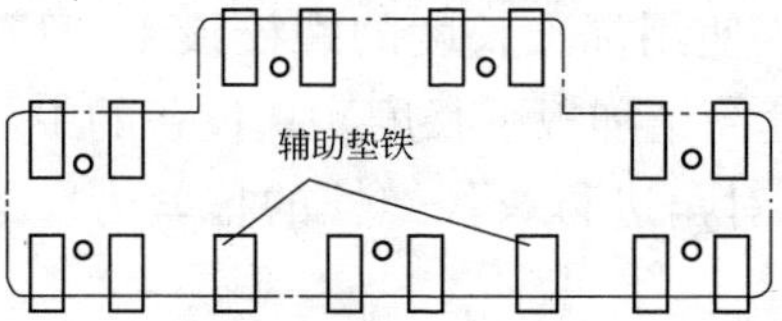

图 2-45　辅助垫法

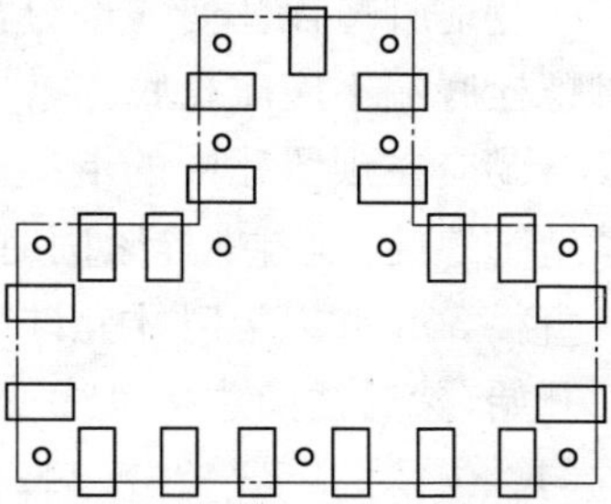

图 2-46　混合垫法

4. 地脚螺栓灌浆

(1)一次灌浆法。

在浇灌设备基础时，同时也将地脚螺栓灌浆，这种方法称为一次灌浆法。一次灌浆法的优点是地脚螺栓与混凝土的结合牢固，程序简单；其缺点是设备安装时不便于调整。灌浆时，要将预埋混凝土部分螺栓表面的锈垢、油质除净，在现场可用火烧的办法，既简单又方便，以保证地脚螺栓与混凝土牢固结合。

(2)二次灌浆法。

即用细碎石混凝土或水泥浆将设备底座与基础表面空间的空隙填满，并将垫铁埋在混凝土里，以固定垫铁和承载设备的负荷。二次灌浇法是浇灌基础时，预先在基础内留出地脚螺栓的预留孔，在设备安装时再把地脚螺栓安装在预留孔内，浇灌混凝土或水泥砂浆使地脚螺栓牢固。它的优点是地脚螺栓便于调整和便于设备安装；缺点是现浇的混凝土与原基础的结合不如一次灌浇牢固。

地脚螺栓在二次灌浆时，应注意以下几点：

①地脚螺栓在预留孔中应垂直，无倾斜。

②地脚螺栓任何一部分离孔壁的距离应不大于15mm，地脚螺栓底端不应碰孔底。

③应在预留孔中的混凝土达到设计强度的75%以上时拧紧地脚螺栓，地脚螺栓紧固时，应使用标准长度的螺栓扳手（只有直径30mm以上时才允许加套筒增加扳手长度），从设备的中间开始，然后往两边按秩序交错对角进行。各螺栓的拧紧力应均匀。

④拧紧螺母后，螺栓应露出螺母，其露出的长度宜为螺栓直径的1/3～2/3。

5. 设备清洗

在安装现场，为了清除机械设备零部件加工面上的防锈剂和残存在内部的铁屑、锈斑，以及运输保管过程中落入的灰尘和杂质，安装前要对设备的各部件进行清洗。

(1)清洗前的准备工作。

①熟悉施工图和有关技术资料，弄清设备的性能、结构和清洗技术要求。

②一般不需要清洗的部分有：密封的设备部件、铅封的有过盈的部件以及技术文件中规定的不要拆卸的零部件。

③要仔细检查设备外部是否完整、有无损伤，然后才可拆卸和清洗。如在清洗过程中发现内部有损伤时，应作出记录，并报告有关技术部门。

④准备好清洗现场和所需要的工具和清洗用料。清洗现场

要干燥、清洁，并应具备水、电、压缩空气等设施。

(2)中小型设备的清洗。

对于整体安装的中小型机械设备，如金属切削机床等，都是在初平以后才清洗。在清洗过程中，不需拆卸零部件。清洗时将能清洗到的地方，全部清洗干净。清洗时，要保护好加工面，如需铲刮，要用软质工具。

对可移动的零部件，在清洗前不要移动。如普通车床，在床身导轨未清洗以前不要移动尾顶架，在丝杠未清洗前，不要移动溜板箱，以免灰尘、泥砂擦伤精加工面。对床头箱可用加热的煤油或柴油倒在里面清洗，洗净后从放油孔放出。清洗时要用细布擦拭，不要用棉纱，以防棉纱碎絮掉在床头箱里。

(3)大型设备的清洗。

对解体安装的大型设备，清洗的部位要多一些，各组件、零部件，润滑油管都要清洗，有相对运动的面，如滑动导轨、滚动轴承等，更是清洗的重点。

对油管、油孔、机件上的油路，要用铁丝绑上浸有煤油的布条、反复拉几次，直到干净为止，再用清洁布条通一下，最好用压缩空气吹一遍。还有的油管要求进行酸洗。酸洗一般用盐酸或硫酸。盐酸效果好些。酸洗时先将水注入酸洗槽内，再将酸缓慢地注入水中(切不可先放酸后加水，这样会因气体急剧挥发而引起爆炸)，并且不停搅拌，使其均匀。酸的加入量一般是水重的5%。浸泡的时间与温度有关，用盐酸时，当温度为18～40℃时，约需浸泡15～50min，用硫酸时，在同样的温度下约需浸泡45～135min。温度越高，时间越短。

酸洗时的操作温度，盐酸溶液不应高于40℃，硫酸溶液不应高于80℃。因为操作温度过高时，将使金属溶蚀量增加，同时容易发生氢脆，从而降低钢铁材料的机械性能。为了消除这种不利影响，在进行酸洗时，一般要加入酸洗缓蚀剂，它的作用是在金属基体表面形成一层薄膜，减缓金属基体与酸的作用，使金属表面得到保护，同时不影响锈层的溶解。

缓蚀剂品种较多，食盐就是常用的一种。用硫酸除锈液时，当酸液浓度为180g/L，温度为55℃时，食盐加入量为50g/L。

酸洗后，要用氢氧化钠或碳酸钠稀溶液中和，然后用热水洗涤，使其保持中性，最后擦干，以免生锈。酸洗时，要戴橡皮手套，系橡皮围裙，皮肤不要接触酸液。

对滚动轴承之类的重点清洗零部件，清洗时更要仔细，在未洗到一定程度之前，最好不要转动或不要很快转动滚动体，以防杂质划伤滚道或滚动体（滚珠或滚杠）。清洗时要检查是否有锈蚀、斑痕，如有可用研磨粉擦掉，擦时要从多方向交叉进行，以免产生擦痕。洗完后，如不立即装配，应涂油包装好。

6. 设备吊装、就位

设备开箱后，基础经验收合格，基准点和中心点标板已完成埋设，设备基础放线以后，设备就可以就位。设备就位是把设备起吊到设备的基础上。就位的方法很多，根据设备重量、现场条件及起重运输机械等选择不同的设备就位方式。

设备的吊装，应根据安装现场的条件和起重机械来确定吊装工艺。设备吊装一般可归纳为分体吊装、整体吊装和综合吊装。起重机械一般有自行式起重机、桅杆式起重机和桥式起重机等。

吊装一般重型和中小型设备，最合理的吊装机具是使用自行式起重机，它的工作效率较高。但大型起重机在单项工程吊装中，其各种参数不能充分利用，且费用一般都比较高；桅杆式起重机是在自行式起重机不能有效合理使用的情况下采用，适用于重型设备和大型结构的吊装；车间内的机械设备的吊装，通常利用车间内设置的桥式起重机，它使用方便、效率较高、安全和操作容易。对于起重能力不够时，还可以借助桅杆或其他起重机联合吊装。

(1)桥式起重机吊装设备。

桥式起重机吊装设备有多种方法。根据桥式起重机的起重量和起吊载荷的大小，可分别采用直接起吊、使用双台抬吊和与单桅杆或双桅杆联合起吊等方法。这里只对直接起吊、使用双台抬吊的方法作简单的介绍。

①直接起吊。直接起吊是当桥式起重机的起重量大于起吊载荷时，可以直接起吊设备。

②双台抬吊。当单台桥式起重机的起重量小于起吊载荷时，可以采用双台联合起吊设备。双台联合起吊设备时，常用的方法是利用组合工具(横梁或撑杆)来抬吊设备。

a. 使用横梁组合工具抬吊设备是利用横梁的长短，将设备的起吊载荷分配到两台(相同起重量或不同起重量)桥式起重机上。使单台桥式起重机的起重量在允许的起吊载荷范围内，并且受力均匀。

b. 使用撑杆组合工具抬吊设备是利用距两端钢丝绳的长短不同来分配两台不同重量的桥式起重机的负荷，使单台桥式起重机的起重量在允许的起吊载荷范围内，并且受力均匀。使用两台桥式起重机吊装设备时，应注意起重撑杆要保持平衡，起重钢丝绳应保持垂直，两台起重机大车行走速度要保持一致。

(2)桅杆起重机吊装设备。

对于重型设备和大型结构的吊装，多采用桅杆起重机，其吊装工艺有单桅杆、双桅杆和人字桅杆等吊装。

单桅杆吊装一般用于安装桥式起重机及塔类设备；双桅杆

一般是应用于设备的吨位大于单桅杆的起重量或是设备本身高度大于或基本与桅杆高度相同的情况。

7. 设备找正

设备的找正主要是找中心、找标高和找水平，使三者均达到规范要求。设备找正的依据：一是设备基础上的安装基准线；二是设备本身划出的中心线，即定位基准线。设备找正的主要内容是使定位基准与安装基准线的偏差在允许的规范之内。设备的找正可分两步进行。

(1)设备的初平。

设备的初平主要是找正设备中心、标高位置和设备水平的初步找正。通常设备初平与设备的吊装就位同时进行，即设备吊装就位时要安放垫铁，安装地脚螺栓，并对设备初步找正。

设备的找正、调平的测量位置，当设备技术文件无规定时，宜在下列部位中选择：设备的主要工作面，支承滑动部件的导向面，保持转动部件的导向面或轴线，部件上加工精度较高的表面，设备上应为水平或垂直的主要轮廓面，连续运输设备和金属结构上，宜选在可调部位，两测点间距离不宜大于 6m。

设备初平后，便可进行地脚螺栓的灌浆。灌浆应采用强度等级比基础高一级的水泥。

(2)设备的精平。

设备的精平是在设备初平的基础上(地脚螺栓已灌浆固定，混凝土强度不低于设计强度的 75%)，对设备的水平度、垂直度、平面度、同心度等进行检测和调整，使它完全达到设备安装规范的要求和使安装质量进一步提高，是对设备进行最后一次检查调整。如大型精密机床、气体压缩机和透平机等，均应在初平的基础上，对设备各主要部件相互关系进行规定项目的检测和调整。

8. 设备二次灌浆

设备安装在完成精平的各项检测合格之后（即设备的标高、中心、水平度以及精平中的各项检测完全符合技术文件要求），可进行二次灌浆。二次浇灌时应注意以下事项：

灌浆一般宜采用细碎石混凝土或水泥浆，其强度等级应比基础或地坪的混凝土强度等级高一级。灌浆时应捣实，并不应使地脚螺栓倾斜和影响设备的安装精度。

当灌浆层与设备底座面接触要求较高时，宜采用无收缩混凝土或水泥砂浆。灌浆层厚度不应小于 25mm，如仅用于固定垫铁或防止油、水进入的灌浆层，且灌浆无困难时，其厚度可小于 25mm。灌浆前应敷设外模板。外模板距设备底座面外缘的距离不宜小于 60mm。模板拆除后，表面应进行抹面处理。当设备底座下不需要全部灌浆，且灌浆层需承受设备负荷时，应敷设内模板。

灌浆工作一定要一次灌完，安装精度要求高的设备的二次灌浆，应在精平后 24h 内灌浆，否则应对安装精度重新检查测量。

9. 设备试运行

(1)设备试运转的目的。

设备试运转的目的是检验设备在设计、制造和安装等方面是否符合工艺要求和满足设备技术参数，设备的运行特性是否符合生产的需要，并对设备试运中存在的缺陷进行分析处理。

(2)设备试运转前的检查与准备。

①设备及其附属装置、管路等均应全部施工完毕,并经验收合格。润滑、液压、冷却、水、气(汽)、电气、仪表控制等附属装置均应按系统检验完毕,并符合试运转的要求。

②设备试运转用料、工具、检测用仪器仪表、记录表格和消防安全设施等均应符合试运转的要求。

③对大型、复杂和精密设备,应编制试运转方案或操作规程。

④参加试运转的人员,应熟悉设备的构造、性能、设备技术文件,并应掌握操作规程及试运转操作。

⑤设备试运转现场照明应充足,周围环境应清扫干净,设备附近不得进行有粉尘或有较大噪声的作业。

(3)设备试运转的步骤。

设备试运转的步骤应先无负荷,后负荷;先单机,后联动。分别从单件至部件,从部件至组件,由组件至单机(台)设备。有数台设备联成机组时,应单台设备分别运转合格后,方能联动试运转。在上一步骤未合格前,不得进行下一步骤的试运转。

(4)设备无负荷及负荷试运转。

设备试运转应按设备说明书规定的工作规范和操作程序进行。其中连续运转时间和断续运转时间无规定时,应按各类明安装验收规范的规定执行。

设备试运转时应进行下列各项检查:

①设备在试运转中应首先注意运转的声音,运转时应平稳无噪声。特别是金属摩擦声,否则应停机检查。

②随时对设备温度、振动、转速、轴位移、膨胀、各部压力和电机电流等进行监护。

③设备试运转中应检查液压系统、液体静压支承部件、转动

部件、系统介质、各传动机构和安全连锁装置等是否正常和符合要求。

④注意监视设备轴承温度。一般滑动轴承温升不应超过35℃,最高温度不应超过70℃;滚动轴承温升不应超过40℃,最高温度不应超过80℃;导轨温升不应超过15℃,最高温度不应超过100℃。油箱油温最高不得超过60℃。

10. 设备安装工程验收

安装工程竣工后,应由建设单位会同有关部门对施工单位按各类设备安装工程施工及验收规范进行工程验收,然后交付生产使用单位。工程验收时,安装单位应向设备使用单位提供下列资料:

(1)竣工图或按实际完成情况注明修改部分的施工图。

(2)修改设计的有关文件(设计修改通知单、施工技术核定单、图纸会审记录等,在施工过程中如发现有设计不合理和不符合实际处应及时提出意见或修改建议,经有关部门研究决定后,才能按修改后的图纸施工,有关设计修改后的文件交工时应提交使用单位)。

(3)主要材料和用于重要部位材料的出厂合格证和检验记录或试验资料。

(4)重要焊接工作的焊接试验记录及检验记录。

(5)隐蔽工程记录。

(6)各重要工序自检和交接记录。

(7)重要灌浆所用混凝土的配合比和强度试验记录。

(8)试运转记录。

(9)重大问题及其处理的文件。

(10)其他有关资料。

五、通用机械设备安装

1. 泵的安装及试运转

泵是把机械能转变为液体势能和动能的一种动力设备。按工作原理分有叶片式、容积式和其他类型的泵（如真空泵、射流泵等）；按压力又分为低压泵、中压泵和高压泵。

安装步骤及调试以离心泵为例。

(1)离心泵构造。

见图 2-47，它是由泵体、泵轴、叶轮、轴承托架、轴封装置及平衡装置等几部分组成。离心泵的工作原理是：用泵体内的工作叶轮，带动液体高速转动产生离心力作用，从而吸入或压出液体的工作循环。

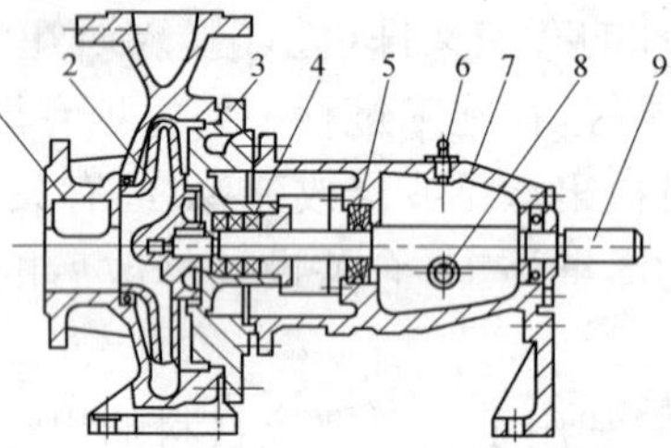

图 2-47　单级单吸卧式离心泵

1—泵体；2—叶轮；3—泵盖；4—轴封装置；5—轴承；

6—加油装置；7—托架；8—润滑油观察孔；9—泵轴

(2)安装前的检查和验收。

①基础检查。基础平面尺寸、位置和标高应符合工程设计的要求，基础纵、横向轴线和平面外形尺寸允许偏差值±20mm，标高允许偏差－20mm；基础平面的水平度和垂直度允许偏差值0.5％。

②设备验收。设备应无缺件，零部件完好无锈蚀；出入口保护和堵盖完好；设备盘车灵活，无阻滞、卡涩现象。

(3)地脚螺栓、垫铁的安装。

地脚螺栓在预留孔中应垂直，无倾斜，拧紧螺母后，螺栓应露出螺母，其露出长度宜为螺栓直径的1/3～2/3。垫铁的布置应符合设备文件的要求，每组垫铁不宜超过5块。每组垫铁应放置平稳，接触良好，采用0.05mm塞尺检查时，在垫铁同一断面处的两侧塞入的长度总和不得超过垫铁长度或宽度的1/3。

(4)泵体安装。

泵体吊装时，不得捆绑轴与轴承部位等易受损伤部位。泵体上位后，进行找正、找平、找标高。

泵的调整可分为初平和精平两阶段进行，初平时，用水平仪放在底座加工面上，进行初步找平后，对地脚螺栓进行灌浆。待混凝土养护合格后，再次紧固螺栓，进行精平。

(5)电动机安装。

电动机与泵是通过联轴器联在一起的，为此电动机的调整要根据定位后的泵体来进行。调整主要是两者的两轴心径向位移是否符合要求。调整可用直尺、卡尺或专用工具进行测量。

(6)泵的找平。

整体安装的泵，纵向安装水平偏差不应大于0.01%，横向安装水平偏差不应大于0.02%，在泵的进出口法兰面或其他水平面上进行测量；解体安装的泵纵向和横向安装水平偏差均不应大于0.05%，在水平度检查中，应在轴的外露部分、底座的水平加工面上进行测量。

(7)泵的找正。

①驱动机轴与泵轴、驱动机轴与变速器轴用联轴器连接时，两半联轴器的径向位移、端面间隙、轴线倾斜以及轴承配合、转

子动静间隙均应符合设备技术文件的规定。无规定时，按现行设备规范的规定执行，联轴器找正后，即可对设备进行二次灌浆。

②泵与驱动机找正连接后，盘车应灵活。

③管道连接应牢固和严密。管路与设备不得强力连接，管路的重量不得由设备支撑，以免增加附加力。

④水泵的安装高度应低于规定的最大吸入高度，防止产生"汽蚀"现象。

(8)泵的试运转

泵试运转前的检查、试运转步骤和试运转要求应符合设备技术文件的规定。泵的试运转应在有介质情况下进行，试运转前，驱动机应进行单机试运转。泵在额定工况连续试运转时间不应小于 2h；高速泵及特殊要求的泵试运转时间按设备技术文件的规定。

2. 风机的安装及试运转

风机是把机械能转变为气体势能和动能的一种动力设备。按工作原理分为叶片式、容积式；按压力又分为通风机、鼓风机和压气机。

以小型离心通风机为例，离心通风机构造简单，主要由集流器、叶轮、机壳等几部分组成，见图 2-48。

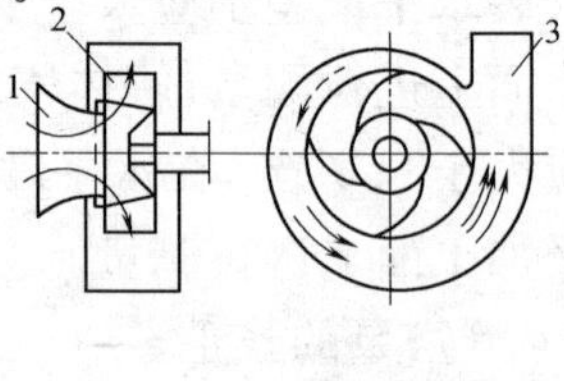

图 2-48　离心式风机

1—集流器；2—叶轮；3—机壳

风机安装前应对设备及部件进行检查和清洗，就位前的部件组装(如联轴器)应符合设备技术文件的规定。

(1)基础检查与验收。

基础外观不应有裂缝、孔洞、剥

落和裸露钢筋。基础纵、横向轴线和平面外形尺寸允许偏差值±20mm，标高－20mm；基础平面的水平度和垂直度允许偏差值0.5%；预埋地脚螺栓孔中心位置允许偏差±10mm、深度偏差＋20mm、孔壁铅垂度偏差1%。

(2)地脚螺栓、垫铁的安装。

地脚螺栓在预留孔中应垂直，无倾斜，拧紧螺母后，螺栓应露出螺母，其露出长度宜为螺栓直径的1/3～2/3。垫铁的布置应符合设备文件的要求，每组垫铁不宜超过5块。每组垫铁应放置平稳，接触良好，采用0.05mm塞尺检查时，在垫铁同一断面处以两侧塞入的长度总和不得超过垫铁长度或宽度的1/3。

(3)轴承箱的找正、找平。

整体安装的轴承箱的纵向和横向安装水平偏差不应大于0.01%，在轴承箱中分面处进行测量，其纵向安装水平也可在主轴上进行测量；左、右分开式轴承箱在每个轴承箱中分面的纵向偏差不应大于0.004%；横向安装水平偏差不应大于0.008%；主轴轴颈处的安装水平偏差不应大于0.004%；轴承孔对主轴轴线在水平面内的对称度偏差不应大于0.06mm(即测量轴承箱两侧密封径向间隙之差)。

对有滑动轴承的通风机，轴瓦与轴颈、推力瓦与推力盘和轴瓦紧力等的安装应符合设备技术文件的规定。

(4)机壳安装。

对于转子和轴承座组合一起的，安装时，必须先将风机外壳下半部分初步就位，然后再安装转子和轴承座。对于转子和轴承座不为整体时，机壳组装时，应以转子轴线为基准找正机壳的位置，使机壳后侧板轴孔与主轴同轴，机壳中心线与转子中心线的偏差不应大于2mm。机壳进风口或密封圈与叶轮进口圈的轴向插入深度和径向间隙应调整到设备文件规定的范围内，对于高温风机的径向间隙应预留热膨胀量。

（5）联轴器的安装。

安装时，联轴器的径向位移不应大于 0.025mm；轴线倾斜度不应大于0.02%。对于具有滑动轴承的电动机，应在测定电机转子的磁力中心位置后再确定联轴器间的间隙。联轴器找正后，设备即可进行二次灌浆。

（6）试运转。

风机试运转前的检查、试运转步骤和试运转要求应符合设备技术文件的规定，试运前，电机应进行单机试运转。

风机启动达到正常转速后，应首先在调节门开度为 0°～5°之间的小负荷运转，待达到轴承温升稳定后连续运转时间不小于 20min；小负荷运转正常后，逐渐开大调节门，直到规定的负荷为止，连续运转时间不小于 2h。

3. 金属切削机床的安装及试运转

（1）安装基本原则。

①普通类机床机床的定位划线及几何尺寸的检查。

②垫铁组的放置应符合设备技术文件和现行规范的规定。

③机床吊装时，捆扎点尽可选择在床身上的凸起部分、孔洞和加强筋等处。

④调平机床时应使机床处于自由状态，不应采用紧固地脚螺栓或局部加压等方法强制机床变形使之达到精度要求，检验机床精度时，所用的检验工具的精度应高于被检测对象精度要求，检具偏差应小于被检验项目公差的 25%。

⑤用测量工具移动测量并画运动曲线计算导轨的直线度时，测量间隔不应大于测量工具的长度。

⑥高精密机床的安装（如坐标镗床，一种按照坐标系来确定

精密孔与孔系位置的加工机床)，除了普通机床安装的一般原则外，还应注意其特殊要求：

a. 安装精平精度高于普通机床。

b. 机床基础必须防振。

c. 机床必须安装在恒温、恒湿车间。

d. 安装车间必须清洁而干燥。

⑦检验合格的金属切削机床，应经过试运转后交付使用。

(2)安装施工步骤。

①基础施工。按设计要求基础应达到抗压强度标准，对大型机床有预压要求的应进行预压处理，符合要求后，方可进行安装。

②基础检验及处理。对基础的平面位置、标高、外形尺寸及预埋件进行核对，不符合要求的应进行处理。

③定位划线。根据施工图的要求，以基准点为准，施放纵、横中心线、标高等，为机床安装找好基准线。

④布置垫铁。对于大、中型机床的垫铁位置、组数，要经过核算后确定。

⑤机床组装就位。对大型、精密机床部件的组装，应制定组装顺序和方法，以保证组装的精度和施工的顺利进行。

⑥机床初平。初平是对机床的中心线、标高、水平、垂直度初步找正，它是精平的基础，必须认真对待。

⑦浇灌砂浆。灌浆用混凝土的配合比，要按规定比例进行拌合，要保证灌浆后的强度。

⑧机床精平(垂直和水平及回转精度检验)。它是在初平基础上进行最后阶段的精度调整，这步工作很关键，直接关系到产品加工的质量。

⑨机床试运转和验收。它的作用是全面考核设计、设备、安

装的质量。试运转应制定切合实际的实施方案，正确指导整个试运转阶段的进行。试运转合格后，即办理交工验收手续。

(3)设备就位安装。

①三点安装法。这是一种快速找平的方法。因为它与设备接触的只有三点，恰好组成一个平面，调整三个点的高度，很容易达到所要求的精度，既方便，又准确。

②无垫铁安装法。无垫铁安装法就是设备的自重和地脚螺栓的拧紧力，均由灌浆层来承受，其安装过程和有垫铁安装法大致相同。所不同的是设备与基础之间没有永久垫铁，无垫铁安装法的找正、找平、找标高时的调整工作是利用临时调整螺钉、调整垫铁或其他支撑件来进行。当调整工作完毕和地脚螺栓拧紧后，即可二次灌浆。二次灌浆层凝固后，便把临时调整垫铁、螺钉或其他支撑件全部拆除。

③座浆安装法。座浆法是在安放设备垫铁的位置上铲出凹坑，在凹坑四周安放木模箱，浇灌无收缩水泥砂浆，根据垫铁的标高要求安装垫铁。座浆安装法能增加垫铁与混凝土基础的接触面积，并且粘结牢固。

(4)安装检测。

机床的安装检测包括水平检测和精度检验。

①水平检测。机床在进行其几何精度检验前，一般应在基础上先用水平仪将机床的水平调平，达到规定的允许范围后，再进行机床的几何精度和工作精度的检验。床身导轨在垂直平面内的直线度检验，常采用水平仪通过坐标曲线图法求得。

②精度检验。金属切削机床的精度检验包括：溜板移动在平面内的直线度和溜板移动的倾斜的检验、溜板移动对主轴轴心线不平行度的检验、主轴锥孔轴心线和尾座顶尖套锥孔轴心线对溜板移动的不等高度的检验。

(5)大型机床的安装。

大型机床在安装前，一般都要对基础进行预压处理，以防机床安装后出现基础下沉或倾斜等现象。

基础划线和垫铁布置应符合设备技术文件及现行规范的要求。基础平面位置允许误差±10mm，标高+20mm，－10mm。

①初平。矩形多段床身安装时，一般应先安装好中间段并以中间段(与立柱相连的一段)为基准，向两端逐步安装其他各段。先将中间段床身用临时垫铁找平后，按基础中心线校正床身的安装位置，将地脚螺栓穿入床身底部的螺栓孔内并拧上螺母，然后对床身进行初平，在床身导轨上放置检验棒和平尺，用水平仪在检验棒上或平尺上按纵、横两个方向进行测量，利用临时垫铁调整高低，使床身导轨处于水平状态，其水平度应不大于0.04/1000。初平完毕后，即可调换垫铁组，按图纸要求放置正式用可调垫铁并对地脚螺栓进行二次灌浆，将地脚螺栓固定。为保证垫铁与床身底面和灌浆层表面接触良好，可采用压浆法。待养护期满后，拆除临时垫铁。

②床身导轨精平。精平时，根据安装规范和机床说明书指出的方法，检查导轨的直线度(即垂直面和水平面的直线度)和床身导轨之间的平行度，其要求如下：

a.床身导轨在垂直和水平面内的直线度(一般用平尺和水平仪检查)。矩形(8000～12000mm)为0.05mm，局部误差在任意1000mm测量长度上为0.015mm；龙门刨床(8～12m)每米不大于0.02mm，全长不大于0.05mm。

b.床身导轨之间的平行度。以全长上横向水平仪读数的最大代数差值计算，不大于0.002%。

用同样的方法吊装其余各段床身，大型机床找平(特别是强力找平)时，应从床身一端向另一端或以中间段为基准按顺序向床身两端进行找平，但绝不允许从床身两端同时向中间进行找平，因为强力找平时会引起床身导轨的微小变形。床身组装完之后，应用着色法检查定位销的接触情况，接触面积应大而均匀。另外，在各段床身的接缝处要求用 0.03mm 的塞尺不得插入，接缝处水平偏差不大于 0.04/1000。接缝处的防油槽内应填上防止漏油的耐油橡胶带（或挤灌液态密封胶），并用调整垫铁的方法使接缝处两段床身用水平仪检查达到规定的要求。

床身组装完成后，用着色法检查定位销孔的接触情况。并用 0.03mm 的塞尺检查床身导轨拼合处，要求各处均匀，不能插入，以保证导轨中心与主轴孔中心对齐。

在精平时，根据各种机床导轨的工作情况，床身导轨安装的水平度可适当使中间凸起，如龙门刨床、铣床的床身导轨允许中间凸起，车床床头箱一端导轨允许适当凸起，外圆磨床的砂轮架一端的床身导轨允许适当下凹，其凸起量或下凹量可取全长允许差值的一半或相等于全长的允值差。

③床身立柱初平。立柱是精度较高的部件之一，它上面常安装有连接梁、横梁和侧刀架等部件。将立柱与床身接合面（或底座、工作台的接合面）定位销孔等清洗干净。若立柱是直接安装在基础上，按图纸要求安放好可调垫铁，根据定位孔初步对齐找正。用连接螺栓将立柱与床身固定，立柱与床身的接合面用 0.04mm 塞尺应不得插入。初平立柱使其导轨在前、后、左、右各个方面都能与床身构成的几何平面相垂直。

④床身立柱精平。对立柱进行精平的项目有立柱（或立柱导轨）对底座工作面（或床身导轨面、工作台面）的垂直度；立柱移动在垂直平面内的直线度和立柱移动的倾斜度检查；立柱移动在水平面内的直线度检查；两立柱相对位移度检查。

精度的检查方法是在床身导轨上立柱正导轨面平行和垂直

两个方向分别放置专用检具、尺、水平仪测量，在各立柱的正侧导轨面上靠水平仪测量；垂直度以立柱与床身导轨上相应两水平读数的代数差计，垂直度允差值随机床不同而异。

各项精度项目的检查和调整，都必须按照机床安装规范和说明书的规定和要求进行。

对各类大型机床立柱安装倾斜的处理有：

大型插床只允许立柱向前倾；双立柱式车床、龙门刨床、龙门铣床只允许立柱纵向前倾，两立柱横向宜向同一个方向倾斜；卧式镗床、落地镗床只允许立柱正面向操作者方向倾斜，侧面只允许向内倾斜；大型滚齿机床立柱上端只允许向工作台方向倾斜。

以上倾斜值，可参照各类机床立柱垂直度允差值或允差值的一半选取。

(6)液压机的安装。

液压机是一种利用液体压力能来传递能量的机器。液压机按工作介质不同，分为水压机和油压机两类，大中型液压机多使用水为介质。

液压机的工作循环一般包括停止、充液行程、工作行程及回程四个过程。

①准备工作。在现场组装的液压机，在组装前，应检查下列各主要零、部件，允许偏差应符合设备技术文件的规定(整体出厂的不检验此项)：

上、下横梁或前、后梁的立柱孔与立柱或张力柱的基本尺寸和配合公差，上、下横梁立柱或前、后梁孔轴线与其端面的垂直度；活动横梁导套孔与导套、导套与立柱的基本尺寸和配合公差；工作缸台肩与横梁配合面的接触均匀程度，工作缸与柱塞、导套、压套的基本尺寸和配合公差；立柱或张力柱轴线与螺母端面的垂直度(与横梁结合面)、基本尺寸和配合公差,螺母与立柱螺纹的配合间隙及接触均匀程度。

②安装步骤及现场。以水压机为例,其安装主要步骤有:安装前的准备;垫铁处理;立柱底座的安装;下横梁的安装;活动横梁的安装;立柱的安装;装下螺母;工作缸的安装;下横梁的安装,上横梁的安装;提升平衡机构的安装;活动横梁导套及限程套的安装;工作缸柱塞的安装;提升机构、低压补偿及操纵系统、管路等安装。

安装场地平整且畅通,"三通"已具备,安装用起重机具性能可靠。

③垫铁处理。液压机找平时,垫铁应符合下列要求:平垫铁或斜度不小于 1/10 的成对斜垫铁;垫铁与垫铁和垫铁与基础的接触应良好,采用 0.05mm 塞尺检查时,在垫铁同一断面处以两侧塞入的长度总和不得超过垫铁长度或宽度的 1/3;2000t 以上的液压机,每组垫铁的总厚度不应小于 60mm;2000t 及其以下的液压机,不应小于 40mm。

④立柱底座的安装。组装以立柱机座作为支承的液压机时,应先吊装中间底座,以中间底座为基准而装配侧底座,中间底座与侧底座的连接螺栓,采用热装来达到拉紧的目的。

机座纵、横向安装水平,在机座与立柱的接合面上测量,其偏差均不应大于 0.01%;两块机座的相对标高差,不应大于 0.5mm;相邻两个立柱机座中心距离允许偏差为±0.5mm;四个立柱孔对角中心距相对偏差不应大于 0.7mm。

⑤下横梁的安装。旋紧立柱底座地脚螺栓,设置四个千斤顶,以备调整下横梁螺母的高度及下横梁水平。下横梁直接放在基础上的液压机,将水平仪放在下横梁上平面上测量;下横梁由螺母支承的液压机,将水平仪放在上横梁上平面上测量。液

压机下横梁上平面或工作台的纵、横向安装水平，其偏差均不应大于0.02%。组合式下横梁接缝处上平面的高低差不应大于0.05mm，定位凸台和定位键、键槽与梁的接触应均匀。

⑥活动横梁的安装。先将活动横梁的柱套口装上防护罩，装上起吊工具就位。

活动横梁导套与立柱间的配合间隙，应符合设备技术文件的规定，内侧间隙 S_1 宜大于外侧间隙 S_2；导套偏心的最大断面应对正活动横梁立柱孔的对角线见图2-49，上横梁的纵、横向安装水平，其偏差均不应大于0.012%。

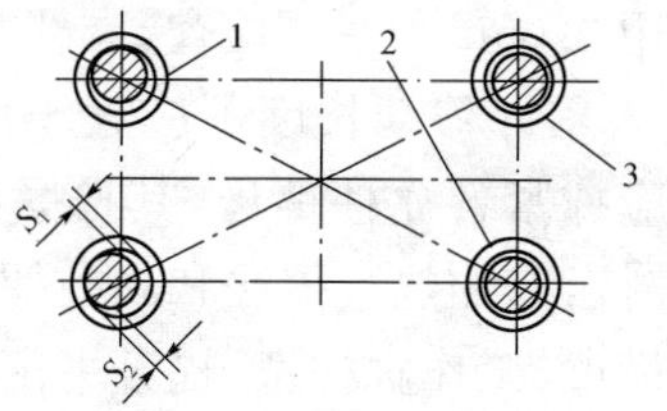

图2-49　活动横梁导套与立柱间的间隙

1—导套；2—立柱；3—导套的偏心断面的最大间隙

⑦立柱的安装。立柱安装前应对立柱的平直性和立柱与螺母配对情况进行检查，配对好的螺母应做好编号。

为便于安装中校正立柱方向，立柱中间部分可装转动箍。吊装时，将立柱从横置于水平状态的枕木上旋转至垂直位置。当立柱吊直后，移动至活动横梁柱套旁，提升立柱，使其底平面超过活动横梁柱套上平面50～100mm。对准下横梁柱套孔的中心，逐渐放下，待立柱底面即将与立柱底座上平面接触时，利用转动箍校正立柱的方向，然后放下立柱。在下横梁柱套上端用临时定位块定位。然后继续起吊第二、第三、第四根立柱，按对角顺序依次进行。

立柱铅垂度的测量，可将水平仪放在立柱的工作面上，沿圆周每隔 90°测量一次，铅垂度偏差应以水平仪读数的平均值计算，并不大于 0.012%；两立柱轴线的平行度在 1000mm 测量长度上不应大于 0.15mm；其对角线长度应在图样公差范围内。在立柱装入下横梁立柱孔螺母紧固后，活动横梁和上横梁组装过程中及组装后，立柱的铅垂度、立柱间的平行度和对角线长度，均应进行检查和复查。

⑧装下螺母。顶起立柱下螺母，使其与下横梁柱套端面刚好接触，然后将螺母旋紧。要求立柱螺母与下（上）横梁接合面接触良好，紧固后用 0.05mm 塞尺检查，局部塞入深度不应大于宽度的 20%，其塞入累计移动长度不应大于可检长度的 10%。立柱螺母预紧前，应拧紧各立柱螺母，其拧紧程度应一致，立柱与下（上）横梁的连接，有加热紧固法和立柱加压紧固法。

⑨工作缸、上横梁、工作缸柱塞、提升平衡机构等安装要求。上横梁的纵、横向安装水平，其偏差均不应大于 0.012%；工作缸法兰与上横梁底面，柱塞与活动横梁的固定接合面应紧密贴合，并应符合规范规定；工作缸柱塞与活动横梁为球铰连接时，其球面支承座与横梁的接触应良好，局部间隙不应大于 0.05mm；球面接触应均匀，其接触面积应大于 70%；提升缸和平衡缸上悬挂活动横梁的每对拉杆长度应一致；活动横梁在最上或最下位置时，均应与四个限程套同时接触。

⑩液压机操纵系统、管路等安装。液压机操纵系统、管路等安装应按现行规范执行。在高压油管路安装时，对于平行或交叉的管子之间或管子和设备主体之间要相距 10mm 以上。管道安装应牢固，并有减振措施。管道布置应整齐、美观，尽可能不用或少用直角弯头，以减少管路阻力。

⑪试运转。液压机试运转分为空负荷试运转和负荷试运转，

液压机试运转的操作程序应符合设备技术文件的规定。空负荷连续运转时间不应少于 2h,其中驱动块或活动横梁作全行程往复运动时间不应少于 1h,单次全行程运转时间不应少于 0.5h。

空负荷试运转启动和停止试验连续进行并不应少于 3 次,动作应灵敏可靠;滑块(活动横梁)运转试验应连续进行并不少于 3 次,动作应平稳、可靠;滑块(活动横梁)行程的调整和行程限位器试验,应按最大行程长度进行调整。压力调整试验,应从低压到高压分级调试,每个压力级的压力试验均应平稳。安全阀试验可结合超负荷试验进行,其开启压力不应大于额定压力的 1.1 倍。

液压机负荷试运转应在额定压力下进行,运动时应注意下列事项:

a. 试运转时,负荷应逐渐增加,应对油泵的工作压力、卸荷压力、压力继电器工作压力、快速行程等进行调整,使其符合要求。

b. 应随时注意液压系统的工作情况,如有振动、噪声、压力、温度等不正常现象,应立即停车检查。

c. 试车后,应将全部控制手柄放在空档位置,试车完后,做好试运记录。

⑫复查。

液压机试运转后,应复查下列项目:立柱的铅垂度不应超过规定值;立柱螺母与梁接合面的局部间隙应符合规定;立柱、工作缸、提升缸、移动缸等的柱塞和导向面应无碰伤;工作缸法兰与横梁接合面的间隙应符合规定。

4. 桥式起重机的安装

桥式起重机按其结构分为通用桥式起重机、冶金桥式起重机和龙门桥式起重机,通常由机械部分、电气部分和金属结构部分组成。桥式起重机不仅作为生产用起重运输机械，而且也作为工业厂房设备安装施工起重机械。因此，在厂房内安装设备时，应首先安装桥式起重机。桥式起重机安装的关键问题，在于桥式起重机的吊装及吊装工具的选用。

桥式起重机安装的主要程序是：行车梁检查放线、轨道安装、起重机桥架组对、吊装和试车。

(1)行车梁的检查、放线。

行车梁的检查、放线的主要内容包括行车梁的坐标位置、相对标高、跨度及表面的平面度，其要求应符合行车梁设计及安装规定。行车梁的安装基准线可用经纬仪每隔 2～3m 和每根柱子处测量；水平度用水准仪在每根柱子处测量。

(2)轨道的制作。

轨道的制作主要是下料、钻孔、校直和切头。校直包括轨道的垂直方向和侧向方向的弯曲，重点是要校直轨道的侧向弯曲，侧向不直时，行车在运行过程中，导致行车轮子卡边。一般常用的校直工具有调直器、螺旋压力机和千斤顶。

(3)轨道的安装。

轨道安装时，根据轨道安装基准线，在轨道下方垫上弹性垫板找平轨道，并用鱼尾板连接轨道接头，用螺栓压板将轨道固定。

轨道安装后，用经纬仪、水准仪和钢卷尺配合弹簧秤进行复查轨道安装质量，其安装质量应符合下列要求：

①轨道的实际中心线对吊车梁的实际中心线的位置偏差不应大于 10mm，且不应大于吊车梁腹板厚度的一半。轨道的实际中心线对安装基准线的水平位置偏差不应大于 5mm。

②轨道跨度小于或等于 10m 时，轨道跨度的允许偏差为 ±3mm；轨道跨度大于 10m 时，轨道跨度允许偏差按下式公式

计算，但最大不超过±15mm。

$$\Delta S=\pm[3+0.25(S-10)] \tag{2-7}$$

式中　ΔS——轨道跨度的允许偏差，mm；

S——轨道跨度，m。

③轨道顶面基准点的标高相对于设计标高的允许偏差为±10mm，轨道顶面对其设计位置的纵向倾斜度不大于0.1%；同一截面内两平行轨道的标高相对差不大于10mm。

④两平行轨道的接头位置宜错开，错开距离不应等于起重机前后车轮的基距。当轨道接头采用对接焊接时，焊条应符合钢轨母材的要求，焊接质量应符合电熔焊的有关规定，接头顶面及侧面焊缝处均应打磨平整光滑；当接头采用鱼尾板连接时，轨道接头高低差及侧面错位不应大于1mm；间隙不应大于2mm；伸缩缝处的间隙应符合设计规定，其允许偏差为±1mm。用垫板支承的方钢轨道，接头处垫板的宽度（沿轨道长度方向）应比其他处增加一倍。

轨道上的车挡宜在吊装起重机前装好，同一跨端两条轨道上的车挡与起重机缓冲器均应接触。

(4)本体安装。

①本体组装。桥式起重机本体结构一般由大车（桥架）、端梁及小车和小车行走机构等主要部件组成。组装桥架时，一般在地面铺设临时轨道进行组装。桥架和大车运行机构组装后应按规范的要求进行检查。

②吊装起重机。本体安装的主要问题是如何选择吊装方法，根据起重机吨位，吊装机具、经济性和安全等方面考虑，吊装机械一般采用单桅杆吊装。对于大吨位的起重机，吊装方式有整体吊装和分件吊装。整体吊装是将大车、小车及小车行走机构在地面上预先进行组装，然后整体吊装就位；分件吊装是将大

车(包括行走机构)、端梁和小车行走机构在地面预先进行组装，然后将其吊装就位，就位后再吊装小车。

(5)选择桅杆吊装起重机本体时，应注意以下几点：

①桅杆和吊具的选择和验算。桅杆吊装时受轴向和弯曲力，应对桅杆吊耳中心 1m 以下进行强度验算。

②桅杆位置的确定。桅杆位置的确定应根据组合件重心位置，就位方式通过计算确定。

③桅杆基础处理。桅杆吊装时，桅杆对地面的压力会导致地基下沉，因此对地基应作必要的处理。

④桅杆的竖立。桅杆的竖立方法很多，有利用辅助桅杆、厂房柱头、屋架和其他起重机械等方法。利用辅助桅杆竖立时，应将主桅杆放在拖排和枕木上，尽量使其重心与安装点重合，主桅杆重心以上 1～1.5m 处作为吊装点，并挂于辅助桅杆起重钩上，开动卷扬机将主桅杆竖立，主桅杆竖立后，收紧缆风绳，使主桅杆牢固地竖立在安装位置上。

(6)试运转。

起重机的试运转包括试运转前的检查、空负荷试运转、静负荷试运转和动负荷试运转。

①起重机试运转前检查。

a. 电气系统、安全联锁装置、制动器、控制器、照明和信号系统等安装应符合要求，其动作应灵敏和准确。

b. 钢丝绳端的固定及其在吊钩、取物装置、滑轮组和卷筒上的缠绕正确、可靠。

c. 各润滑点和减速器所加的油脂的性能、规格和数量应符合设备技术文件的规定。

②起重机的空负荷试运转。

操纵机构的操作方向应与起重机的各机构运转方向相符；

分别开动各机构的电动机，其运转应正常，大车和小车运行时不应卡轨，各制动器能准确及时地动作，各限位开关及安全装置动作应准确、可靠；起重机防碰撞装置、缓冲器等装置应能可靠地工作；当吊钩下放到最低位置时，卷筒上钢丝绳的圈数不应少于 2 圈（固定圈除外）；用电缆导电时，放缆和收缆的速度应与相应的机构速度相协调，并应能满足工作极限位置的要求。

作上述试验时，各项试验均应不少于 5 次，且动作应准确无误。

③起重机的静负荷试验。

起重机做静负荷试验时，应停在厂房柱子处，对有多个起升机构的起重机，应先对各起升机构分别进行静负荷试验。

静负荷试验程序和要求如下：

a. 先开动起升机构，进行空负荷升降操作，并使小车在全行程上往返运行，此项空载试运转不应少于 3 次。

b. 将小车停在桥式起重机的跨中，逐渐地加负荷做起升试运转，直至加到额定负荷后，使小车在桥架全行程上往返运行数次，各部分应无异常现象，卸去负荷后桥架结构应无异常现象。

c. 将小车停在桥式起重机的跨中间，无冲击地起升额定起重量的 1.25 倍的负荷，在离地面高度为 100～200mm 处，悬吊停留时间应不少于 10min，应无失稳现象。然后卸去负荷将小车开到跨端或支腿处，测量主梁的实际上拱度应大于 $0.7S/1000$mm[S 为起重机跨度(mm)]，检查起重机桥架金属结构，且应无裂纹、焊缝开裂、油漆脱落及其他影响安全的损坏或松动等缺陷，此项试验不得超过 3 次，第三次应无永久变形。

④动负荷试运转。

各机构的动负荷试运转应在全行程上进行，超重量应为额定起重量的 1.1 倍；累计启动及运行时间，对电动的起重机不应少于 1h,对手动的起重机不应少于 10min,各机构的动作应灵敏、平稳、可靠,安全保护、联锁装置和限位开关的动作应准确、可靠。

5. 离心式压缩机的安装

离心式压缩机是使气体受到离心力的作用而提高压力的机械设备,它的主要用途是压缩和输送各种气体。

离心式压缩机是一种叶片旋转式机械。气体经吸气室流入工作轮后,被叶片带着一起旋转,从而增加气体的动能(速度)和静压头(压力)。离心式压缩机由旋转元件(转子)和固定元件(定子)两部分组成。系统组成主要由气路系统、冷却系统和润滑系统组成。离心式压缩机常用高速电机(异步或同步电动机)或汽轮机拖动。由汽轮机拖动时,压缩机可不设增速器。

离心式压缩机组的安装,与所驱动的设备、压缩机缸数及结构等不同,安装方法有所不同,但基本部件的安装、检查和调整的步骤及方法大体相同。

(1)压缩机组安装。

压缩机组安装的基本程序一般是:机组中心线的确定;机组前后底座或台板及下气缸的安装;试装转子;固定前后底座;试装转子;安装隔板;安装转子;扣上气缸盖。

①压缩机组中心线的确定。压缩机组安装前,应首先确定机组中心线。对于由汽轮机直接拖动的单缸离心式压缩机组,应使联轴器的两轴承处于同一水平位置,汽轮机和压缩机另一轴承则分别向两端扬起;对于单缸离心式压缩机组是由电动机通过增速器拖动的机组,应将增速器水平安装,压缩机和电动机服从增速器分别向两端扬起,见图 2-50;对于多缸串联的压缩机,安装的原则通常是低压气缸服从高压气缸,高压气缸、电动

机服从增速器，见图 2-51。

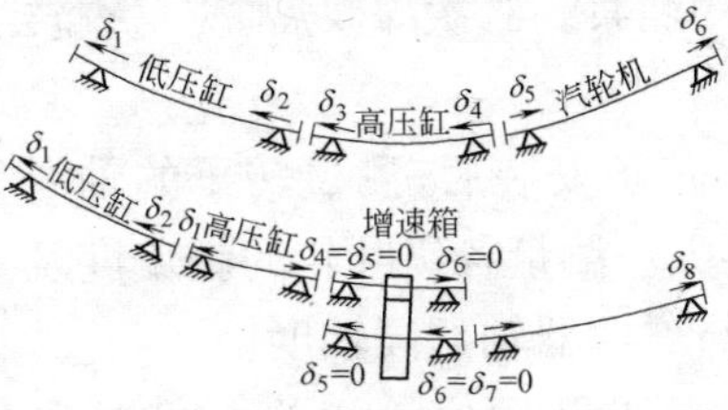

图 2-50　单缸压缩机组转子的安装方式图

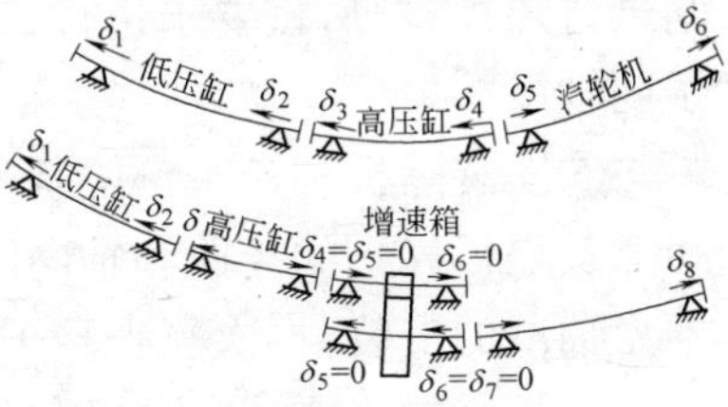

图 2-51　双气缸压缩机主转子的安装方式

②机组前后底座(或台板)及下气缸的安装。按制造厂的技术文件要求放置垫铁，垫铁与垫铁间、垫铁与底座间、壳体与底座间、气缸和轴承座与底座间的接触情况应符合执行的文件标准。校正设备标高轴向位置、纵向中心线及进排气中心线。

在安装带有滑销的底座时，必须使滑销与滑槽之间的间隙均匀，滑动自如，各接触面应涂以润滑脂，各部间隙应符合制造厂规定。

连接气缸与底座时，必须注意膨胀螺栓的间隙，在气缸膨胀方向应留有较大的间隙。

下气缸的中心线可用拉钢丝法找正。找正时气缸的位置以增速器高速轴洼窝中心线为基准；气缸中心线以两端气封洼窝为准；轴承座中心以轴承洼窝为准。

③试装转子。转子试装时，应清洗并检查转子及轴颈各处有无机械损伤，并测量各装配间隙。轴承与轴承座的接触情况应用涂色法检查，转子与轴瓦的研配可用涂色法进行。试装时应刮研轴瓦到基本符合要求，并用压铅法检查轴瓦间隙及轴承的紧力。为防止转子吊入时碰伤推力瓦块，可先将推力瓦块取出，当转子推力盘进入轴承后，再将推力瓦块放入。

复核转子水平度，用找中心的方法对联轴器找正。

④固定前后底座。转子同轴度符合要求后，将垫铁各层之间进行点焊，然后按要求进行二次灌浆。二次灌浆后，应复查转子同轴度。

⑤安装隔板和转子。隔板和转子安装后，测量转子的轴向间隙及隔板气封的径向和轴向间隙。测量各级叶轮的瓢偏度及推力轴承的安装，再次复查转子与增速器轴的同轴度。

⑥扣气缸上盖，并按规定的要求及顺序涂以涂料和拧紧螺栓。

(2)增速器的安装。

在安装电动机—增速器—压缩机这种布置方式的压缩机组时，应以增速器作为安装基准，调整增速器至水平后，通过联轴器对电动机和压缩机进行整机找正。

①增速器的清洗检查。对增速器解体清洗，特别是各进油扎应吹洗干净并畅通。检查箱体接合面的严密性和轴承与轴承座间的接触情况，使之符合设备技术要求。

②增速箱的找平、找正。

a. 将增速器就位带上地脚螺栓后，利用垫铁调整箱体标高和水平度。拧紧地脚螺栓后，其纵向和横向安装水平度偏差均不应大于 0.005%；横向安装水平应在箱体中的分面上进行测量，纵向安装水平度应在大齿轮轴上进行测量。

b. 增速器底面与底座应紧密贴合；未拧紧螺栓前应用塞尺检查其局部间隙并不应大于 0.04mm。

c. 轴瓦与轴颈各部分配合的顶间隙、侧间隙、接触要求、轴瓦与轴承压盖的过盈值等，均应符合设备技术文件的规定。

d. 齿轮组轴间的中心距、平行度、齿侧间隙和齿面接触要求均应符合设备技术文件的规定，间隙值的测量可采用塞尺法、压铅法和千分表法进行；当齿轮接触调整与齿轮轴线平行度发生矛盾时，应首先满足接触的质量，其平行度可不作调整。

e. 增速器中分面局部间隙不应大于0.06mm。

(3)离心式压缩机组试运转。

离心式压缩机组的负荷试运转，应先单机后联动；先试驱动机、增速器后试整机，整机试运转时，应先进行小负荷试运转到负荷试运转。具体步骤是：

润滑油系统的试运转；驱动机的单体试运转；驱动机与增速器的联动试运转；压缩机的小负荷试运转；压缩机的负荷试运转。

润滑油系统和驱动机的单体试运转按系统及设备技术文件规定进行。

①驱动机与增速器的联动试运转。驱动机单体试运转合格后，与增速器用联轴节接好，并满足转子同轴度的要求。试运转步骤如下：

a. 冲动转子。检查齿轮副的啮合有无冲击和杂声；观察主油泵是否上油。运转30min，主油泵供油良好，主油泵供油后启动油泵应自动停止运转，并对机组的振动、润滑油压、油温和轴承温升等进行全面检查和监护。

b. 连续运转4h。连续运转4h期间应对机组进行全面的检查，各方面情况正常后停机。停机时，当驱动机停止后，启动油泵应在规定的油压值时自启动，并维持20min以上的供油，直到轴承回油温度降至40℃以下为止。

驱动机与增速器的联动试运转合格后，可进行下一步压缩机小负荷试运转。

②压缩机组小负荷试运转。压缩机组小负荷试运转是将进气节流门开至10°～15°的负荷进行的试运转。试运转采用空气作为压缩介质。

a. 点动。以电动机带动的主机，应先点动，检查转子与定子有无摩擦和异常声音；以汽轮机带动的主机在启动时，应按设备技术文件的规定分阶段升速。

b. 小负荷试运转（1h）。小负荷试运转 1h 后，停机检查各轴承、轴颈的润滑情况，当有磨损时，应及时修整；对有齿轮变速器的机组，应检测齿轮的接触斑点。

c. 连续运转。连续运转时间应按技术文件规定执行。当无规定时，工作转速小于或等于 3000r/min 的机组应为 4h；工作转速大于 3000r/min 的机组应为 8h。连续运转期间，应经常监听机组有无冲击、杂声等现象，检查润滑油压、油温、冷却水量、机组振动等是否符合要求。

③压缩机组连续负荷试运转。压缩机组连续负荷试运转的时间不应小于 24h。其步骤如下：

a. 缓慢打开压缩机入口控制阀，同时逐步关小压缩机排气放空阀。

b. 缓慢打开压缩机排气控制阀门，同时逐渐关闭放空阀门或再循环阀门。压缩机排气压力的升高应缓慢、均匀，使压力逐渐上升。操作时可根据制造厂规定的升压曲线进行，一般每 5min 升压不得大于 0.1MPa，并应逐步达到设计工况。每升压一次，应观察其运转情况及检查气缸热膨胀情况。

c. 调整各气缸出口管道上的安全阀，限制各气缸出口最高气压。气体升到工作压力后，首先调整好各缸出口安全阀，使其出口气压限制在规定值以内，各气缸出口安全阀调整好后，连续试运转 24h。

④离心式压缩机的运行维护。

a. 调整进口调节阀（设有自动调压装置的除外），维持机组排气压力（或流量）符合规定值。

b. 注意监视机组、增速器或汽轮机和电动机的运行情况，特别在变工况时，注意监视机组内部声音有无异常。

c. 注意监视轴承振动、温升、润滑油压及油箱油位的变化。振动应无异常，润滑压力应调整到规定压力。轴承进油温度控制在 35～45℃范围内，进出口油温差在 10～15℃之间。

d. 注意监视机组膨胀和轴向位移。借助机组膨胀指示器和轴向位移指示器，检查机组膨胀量和轴向位移值是否符合设备技术文件的要求。

e. 经常检查气体冷却器的溢流水情况和疏水器排水情况，检查冷却器是否有泄漏和堵塞。

第3部分　钳工岗位安全常识

一、钳工施工安全基本知识

1. 钳工安全操作技术要求

(1)在金属设备上或容器内使用动力电源(如手电钻、手砂轮等),除必须使用合格的胶皮线外,还必须设专人监护,负责操作看管电源开关,如发现问题,立即切断电源。操作人员必须戴绝缘手套,脚下必须踏在干燥木板上或胶皮垫上,以防触电。

(2)高处作业必须经医生进行体格检查,必须系安全带,不准穿滑底鞋。

(3)拧紧螺栓时要检查扳手或螺栓有无裂纹损坏,拧紧时不要用力过猛,必须看其材质、大小、松紧程度来决定工具。

(4)使用梯子时,为了防止打滑,下面应有人扶。不准在梯子上使用电钻或抬工作物。

(5)工作前应检查工具是否良好,不得有缺口、裂纹、起花等现象。工具不要放在工作物或机器上。高处作业时,工具应放在工具袋内。

(6)钻、锉磨出的铁屑,应用毛刷清除,禁止用手抹或口吹。

(7)人力搬运材料或设备时,要清理好通道,两人以上工作,应互相呼应,轻起轻放。头重脚轻的物体要支撑稳定。

(8)使用机械在转动中,不得更换工具、浇注润滑油,禁止用手来制动。

(9)工作台上装设多种机具时必须留有一定的间隔距离,以免互相干扰。台虎钳夹的工件要夹紧，所夹工件不得超过台虎钳口最大行程的2/3，夹工件时不得用力过猛，不得用套管套进钳柄加力，或用铁具敲打。

(10)使用的纱团、油布要放在指定地点，以免引起火灾。用纱团揩手时要注意纱团有无铁屑。

(11)检修机械或拆卸机械前应切断电源，电气部分由电工进行。机械在试运转前对所安装的零件、安全设施以及各传动系统等应进行详细检查，合格后方可试运转。谁修理、谁试车，如多人参加试车，应由专人负责，明确分工。试运转时，不应让非工作人员入内。

(12)有关电气设备检修安装应由电业工作人员进行，不得随便乱动。

(13)设备就位时先放置临时垫铁，注意防止压手。两人以上找平找正一台设备时，必须紧密配合，步调一致，防止头重脚轻的设备倾倒伤人和损坏。

(14)操作人员进入车间应配戴好本工种规定的防护用品，并检查操作环境是否符合安全要求。

(15)用汽油清洗工件时要在通风良好的地方进行并严禁烟火，清洗完后应将废汽油集中在指定安全地点。

(16)操作时应保持周围上下环境岗位干燥洁净。电源有适当距离，防止触电、滑倒等事故，打大锤时协助人员不得相互面对且要注意避免锤头或工作物飞出伤人。

(17)工作完毕后，台虎钳不准夹有工件，所有使用工具应擦拭干净按指定地方分别存放，不得杂乱无章地堆放在一个工具箱内。工件堆放整齐，清扫好现场才可离开。

2. 金属切削机床安全操作技术

(1)一般安全要求。

①操作人员应认真遵守所使用机械的安全操作规程。

②非操作人员不得开动机床,亦不许一个人单独在车间开动机器。

③操作人员工作时必须配戴规定的防护用品,开动机械时严禁戴手套和围巾,女工要戴帽子,辫子、长发盘放在帽内。

④机械在运行中操作人员必须精神集中,禁止玩笑、嬉戏、闲谈、瞌睡及其他与工作无关的事和离开工作岗位。

⑤机床必须按其性能合理使用,严禁超负荷或代替其他机械使用,也不得带病运转。使用中发生故障时必须立即停止使用,进行修理。电器部分由电工负责。工作照明灯要用 36V 低压电源。

⑥机械的各种轮、带转动部分必须装设防护罩,已装好的不得随便拆除。

⑦操作人员上班前不准饮酒,在精神不正常时严禁开动机械。

⑧机床必须安装牢固平稳,布置和排列应确保安全,机床周围不得堆放与生产无关的物品。

⑨机床的电动机、电器、线路及液压、液力装置、气动装置应按照相应的安全交底进行操作。

⑩操作人员必须经过技术学习,熟识机械构造性能、操作和保养方法,方准参加工作,新学徒应在技工指导下操作。

⑪床面上不得放置工具、材料及其他物件。

⑫机床在切削过程中,操作人员的面部不得正对刀口,不得在切削行程内检查切削面。

⑬装卸较重大的工件时,床面上应垫放木板,使用起重设备时,应由起重工配合进行。

⑭高速切削铸铁件时,必须戴防护眼镜。

⑮启动后,应低速运转,正常后方可作业。

⑯发现运转不正常或有异响时,应立即停车,进行检修。

⑰当更换工件、装卸工具、修理机床或有事必须离开时,应关车拉闸。

⑱作业后,切断电源,退出刀具,将各部手柄放在空档位置,并擦拭机床进行保养,然后锁好电闸箱。

(2)启动前应检查以下各项,确认可靠后,方可启动:

①各操纵手柄的位置正常,动作可靠。

②行程限位、信号等安全装置完整、灵敏、可靠。

③传动及电气部分的安全防护装置完好牢固。

④电气开关,接地或接零均良好。

⑤润滑系统保持清洁,油量充足。

⑥各部螺栓紧固,配合适当。

⑦工件、夹具、刀具无裂纹、破损、缺边、断角并夹牢固。

(3)在机床运转中严禁做以下工作:

①测量或找正工件。

②用手直接清除切屑。

③换装工件,装卸刀具、齿轮和皮带等。

④用手摸、身触或用棉纱擦拭工件和机床联动部分。

⑤用人力或工具强制机床制动。

(4)车床使用安全要求。

①切削韧性金属时应事先采取断屑措施。

②自动、半自动车床作业前应将防护挡板安装好。严禁用锉刀、刮刀、砂布等光磨工件。

③用锉刀光磨工件时，应右手在前，左手在后，身体离开卡盘，并将刀架放在安全位置。不得用砂布裹在工件上磨光，但可比照用锉刀的方法成直条状压在工件上砂磨。

④立式车床在加工外圆超过卡盘的工件时，必须有防止立柱、横梁碰撞伤人的安全措施。

⑤车内孔时，不得用锉刀倒角，用砂布光磨内角时，不得用手指伸进孔内打磨。

⑥加工偏心工件时，必须用专用工具。

⑦攻丝或套丝时，必须用专用工具。不得一手扶攻丝架(或扳牙架)，一手开车。

⑧加工较长物件时，卡盘前面伸出部分不得超过工件直径的 25 倍，并应有顶尖支托，床头箱后面伸出部分，超过 300mm 时，必须加装托架，必要时装设防护栏杆。

⑨切断大料时，应留有足够余量，卸下后砸断；切断小料时，不得用手接料。

⑩自动、半自动车床气动卡盘使用压缩空气的压力不应低于规定值。

⑪高速切削重大工件时，不得紧急制动，或突然旋转方向。

⑫工件安装应牢固，增加夹固力可用接长套管进行，不得敲打扳手，装卸工件后，应立即取下扳手。

⑬加工较重的工件停歇时，工件下必须用托木支撑。

⑭车床的相互位置，应使卡盘的旋转平面错开一定距离，以防物件飞落时伤害相邻机床的操作人员。

⑮车床运转中如遇停电时，应及时退出刀具，并切断电源。

⑯装卸卡盘时床面应垫木板或采取其他保护措施。不得用启动运转的方法来装卸。滑丝的卡盘不得使用。

(5)铣床使用安全要求。

①拆装立铣刀时,台面应垫木块,不得用手托刀盘。

②快速行程,要在各有关手柄脱开后方可进行。

③清除切屑应在停车后用毛刷进行,不得用手抹、嘴吹。

④进刀不宜过猛,自动走刀时必须脱开手轮,不得突然改变进刀速度。

⑤对刀时,必须慢速进刀,当刀接近工件时,应换用手动摇进。

⑥铣削中,头和手不得靠近铣削面,高速切削时应设防护挡板。

⑦铣削进给应在刀具与工件接触前进行,并应预先调整好限位撞块。

⑧安装夹具和工件,必须牢固可靠,不得松动。

⑨正在走刀时,不得停车,铣深槽时应先停车退刀。

(6)刨床(插床)安全要求。

①刀具不得伸出过长,装卡必须牢靠。

②龙门刨两端应有护栏,运行中操作人员不得站在台面上,更不得跨越台面。

③龙门刨装卡工件的宽度,必须小于门架,启动前应检查工件及夹具能否安全通过,然后调整行程挡铁位置并紧固好。

④调整行程中,刀具不得接触工件,应用手柄摇动进行全行程试验,滑枕调好应锁紧并随即将手柄取下。

⑤作业中,头、手不得伸到车头前检查。机床未停稳前不得测量工件、调整行程或清除切屑。清扫切屑应用毛刷,不得用手抹、嘴吹。

⑥工件夹装要牢固,增加钳口夹固力可用接长套管进行,不得敲打扳手。

⑦工件装卸和翻身时应注意避免锐边、毛刺割手。

(7)镗床安全要求。

①镗刀和工件装卡应牢固，压板必须平稳，支撑压板的压铁不宜过高，块数不宜过多。

②启动后，应低速运转3～5min，确认正常后，再行作业。

③严禁在运转中测量工件、对样板或用手摸加工面。不得将头贴近加工孔观察进刀情况，亦不得隔着转动中的镗杆递取物件。

④在每次移动部件和进给前，刀具及各手柄应在需要的位置上，确认移动部位方向正确后，方可作业。严禁突然开动快速手柄。

⑤使用平旋刀或自制刀盘镗削时必须上紧螺栓，不得站在刀具对面或伸头观察，必须特别注意防止衣物被绞事故。

⑥作业前，检查机床各系统应安全可靠，各手轮、手柄和限位挡铁的安设应正确，快速进刀应无障碍。

⑦启动工作台自动回转时，必须将镗杆缩回。

(8)磨床安全要求。

①砂轮在安装前必须进行静平衡试验。其最大不平衡度不超过15～20kg/cm。

②根据工件选用合适的砂轮，其硬度、强度、磨料粒度均应符合说明书要求；砂轮应有出厂合格证并有受检合格的标志；对砂轮进行全面检查，发现质量不符合要求或外观有裂纹等缺陷时不得使用。

③直径150mm，圆周速度15m/s以上的砂轮必须进行强度试验。试验见表3-1。

表3-1　试验要求

砂轮外径(mm)	试验圆周速度/工作圆周速度(m/s)	运转时间(min)
150～270	15	5
300～475	15	7
500	15	10

注:试验时须有专用防护设备,加速及制动均应平稳。

④法兰与砂轮之间必须有衬垫垫好。

⑤装牢防护罩,砂轮侧面与罩内壁间应保持20～30mm的间隙。

⑥装配时严禁用硬物敲击,紧螺母时要用专用扳手,紧固要适当。

⑦砂轮与磨床主轴必须同心。

⑧砂轮应直接装在轴上,法兰直径均为砂轮直径的1/3～1/2。

⑨砂轮装好后,启动不能过急,要先经点动检查,并经过5～10min的空车运转,确认正常后,方可使用。

⑩装卸工件时,必须将砂轮退到安全位置。运转中,操作人员不得站在和面对砂轮旋转的离心力方向。

⑪加工有花键、键槽的表面或扁圆工件时,进给应缓慢,并严格控制磨削量。

⑫砂轮的转速不得超限,必须选择合理的进给量,缓慢进给,并应充分利用吸尘器。

⑬液压系统的油压不得低于规定值,液压缸内有空气时,必须排除后方可使用。

⑭工作台快速移动时,必须先使工件与砂轮脱开,砂轮未退离工件前,不得停止转动。

⑮修磨砂轮时,必须戴防护镜。用金刚石修整砂轮时,必须

用固定架衔住，不得手持修正。

⑯停车前，应先关闭冷却液，继续空转数分钟，待砂轮所吸水分全部甩尽后方可停车。

(9)钻床(包括电动小电钻、手电钻)安全要求。

①钻通孔时，加工件必须卡紧上牢，工件下面垫好木板或对准工作台上的坑槽，然后方可加工，不得损坏工作台。

②钻头未停止运转时，不准送进或拿取工件。

③钻工件时严禁操作人员将头部靠近旋转的钻头或镗杆，严禁带手套操作。

④工件夹装必须牢固可靠，钻小件时，应用工具夹持，不得手持工件进行钻孔。薄板钻孔时，应用台虎钳夹紧并在工件下垫好木板，使用平头钻头。

⑤发生停电或故障停车时应及时将钻头退出工件，拉闸断电。工作完毕后将操作手柄放回零位，卸下钻头，断电拉闸，清除铁屑。

⑥钻深孔时，铁屑不易退出，应退出钻头经清除后再继续钻深。

⑦严禁用手触摸旋转中的刀具和将头靠近机床旋转部分，不得在旋转着的刀具下翻转、卡压或测量工件。

⑧精铰深孔，以量棒测量或拔取量棒时，不可用力过猛，避免手撞刀具。

⑨摇臂钻作业后，应将横臂降到最低位置，主轴靠近主柱，并卡紧。

⑩排屑困难时，进钻、退钻应反复交错进行。

⑪电动小电钻工作前检查卡头是否卡紧。工作物要放平放稳，小工件、薄工件应使用卡盘夹紧或用钳夹紧然后再进行操作。手电钻高空作业时，应搭设安全脚手架或挂好安全带。手

电钻先对准孔位后才开动电钻，禁止在转动中手扶钻杆对孔。

⑫钻头上绕有长屑时，应在停转后用铁钩或刷子清除，严禁用手拉或嘴吹。

⑬手动进钻、退钻时，应逐渐增压或减压，不得用管子套在手柄上加压进钻。

⑭电动小电钻禁止用力猛压钻柄或用管子套在手柄上加力。手电钻钻头必须拧紧，开始时应轻轻加压，钻孔钻杆保持直线，不得翘扳或过分加压，以防断钻。手电钻向上钻孔，只许用手顶托钻把，不许用头顶肩夹。

⑮使用摇臂钻时，横臂必须卡紧，横臂回转范围内，不得有障碍物。

⑯手电钻的手提把和电源导线应经常检查，保持绝缘良好，电线必须架空，操作时戴绝缘手套；手电钻应按出厂的铭牌规定，正确掌握电压、功率和使用时间。如发现漏电现象、电机发热超过规定、转动速度突然变慢或有异声时，应立即停止使用，交电工检修。

(10)齿轮机床安全要求。

①挂配齿轮时，应切断机床电源，挂配完毕应立即取下手柄。

②滚齿机应用手动对刀和上刀，当刀具进给时，不得停车。

③加工第一个工件时应用手动慢进给试切。

④滚齿机切削不同螺旋角时，刀架角度扳动后必须紧固。

⑤启动前检查各手轮、手柄位置应正确，启动后，检查各运转部分的润滑及冷却系统均应正常。

⑥滚齿机各部间隙必须指定专人进行调整，插齿机快速调整时，必须脱开分齿挂轮。

⑦运转中，应盖好防护罩板，不得将手伸入刀具与工件之间

检查,不得用棉纱擦拭工件、设备,人身不得接触机床转动部分。

⑧装卸工件、刀具,测量工件、变速或紧固螺栓时都必须在停车后进行。

⑨剃齿机作业时,必须经常检查和校正进刀定位器。

(11)锯床安全要求。

①砂轮安装应按照有关规定的要求执行,砂轮不得被水淋湿,磨损时应及时更换。

②切割中发现工件松动,应立即停机使刀具离开工件,重新夹紧工件。

③操作人员不得站在和面对与砂轮或锯片旋转的离心力方向。

④下料长度超过 300mm 或原料长度超过 500mm 时,应加托架。

⑤锯片必须平整,锯齿尖锐锋利,不得使用有两个连续缺齿的锯片或有裂纹的锯片。

⑥工件夹紧后,先空车运转,待运转正常后再开始锯料。严禁用手持料进锯。

⑦砂轮锯、圆盘锯的主轴有晃动时,不得使用。

⑧进给量要适当均匀,不得突然加大进给量。

⑨应根据工件尺寸、规格、硬度选择合适的进给量。

⑩切断大料时,应留有余量,卸下后砸断;切断小料时,不得用手接。

3. 锻压机械安全操作技术

(1)一般安全要求。

①锻打工件时,工件要放在砧的中心,要平整稳定。打烧红的工件前应先清除其表面的铁皮。

②火炉应筑烟囱,小炉也要装烟罩,煤气要排出室外,炉附近不得有木料或易燃品,并放置灭火器。

③锻打工件时,掌钳者要掌握指挥,但严禁用手指示打锤,并不得用手去移动砧子上的工件,头部更不准探进锤头落下的范围内。

④火钳必须适合工件的尺度及形状,且钳柄不应过细或有裂纹。

⑤红火锻件不应远距离投送,在特殊情况下应有足够安全的防护措施。锻打完成的红热工件,禁止乱堆,并应与其他物品分开,指定堆放地点、设立标志,以防误触烫伤。

⑥两人打大锤时,不准相互对立,并要注意锤头起落,瞻前顾后,防止伤人,并注意落锤点,以防打偏。严禁戴手套,前后附近不准有人站立。

⑦冷錾工件将要断开时,不要用力打锤,操作人员闪开一侧,并注意周围行人,防止临断时工件突然崩跳飞出伤人。

⑧工作前应详细检查所用工具是否良好坚固,打花、破裂、缺口、松动的工具应修理或更换。大锤、手锤等带有木柄的必须加装带倒刺的铁楔,锤顶要平整光洁。大锤木柄使用前应在水内泡湿。

⑨对于热处理所使用的剧毒化学药品(如氰化物等)必须专人保管并建立领发制度,在使用时必须熟识药物性质,操作人员佩戴合格的防毒面具,非操作人员一律不准接近。

⑩錾子淬火要适当,发现有飞刺要随时打磨好,受打击的工具顶部严禁淬火。高碳钢不准用来制造受击的工具。

⑪机械安装、布置应确保安全,场地应平整,车间应有防暑、降温、防寒设备。原料、半成品、成品及余料等不得堆积在机械近旁。

⑫下班前必须熄灭炉火，炉渣倒在指定地点，炉中余烬必须铲去或用水浇灭。

⑬掌钳工不要把钳柄直冲身体，手指禁止伸入两钳柄内，两脚不能靠近铁砧。

⑭锻压机械装置的电机、电器及液压装置应按相应的安全交底操作。

⑮工件的加热温度要适宜，温度过高或过分降低的工件不可强打。不准打空锤。

⑯作业前，应确保：机械上受冲击部位无裂纹损伤；主要螺栓无松动；模具无裂纹；操纵机构、自动停止装置、离合器、制动器均灵活可靠；油路畅通。

⑰工件必须用钳子夹牢传送，不得投掷。

⑱作业中，不得用手检查工件和用样板核对尺寸。模具卡住工件时，不得用手解脱。严禁将手和工具伸进危险区内。

⑲作业中，只能用扫帚或木棍清除机械上的氧化铁皮、边角料及剪切下的余料，不得用手或脚直接清除。

(2)平板机安全要求。

①平整钢板时，操作人员应站在机床两侧。严禁站在机床前后，或钢板上面。工件的表面应保持清洁，不得有熔焊的金属。

②在垫板上放置的待平整的工件应相互错开，不得放置成一直线，两工件间的前后距离不得少于100mm。

③平整小块或长条工件时，应在两辊前放一块符合设备规格的钢板，作为垫板，将待平整的小块或长条工件放在垫板上进行平整，并经常注意垫板一端距离轧辊应不少于300mm，并不得倾斜。

④平整工件时，应少量下降轧辊。每次降下量以1～2mm

为限,并注意指针位置。

⑤启动前,应检查各部润滑、紧固情况。按钢板厚度调整好轧辊。

⑥作业后,应放松轧辊,取出工件与垫板。

(3)空气锤及夹板锤安全要求。

①冬季车间温度较低时,应先将锤头、钳子、锻磨预热到60℃以上。

②作业前,应确保受振部分无松动,锤头无裂纹,润滑良好,油泵供油及管路系统工作正常。

③掌钳人员手指不得放在钳柄之间,并应牢牢夹紧工件,钳柄不得正对胸腹部。

④作业中,应经常检查锤头、砧子,如不正常,应立即停机检查,检查前必须将锤头固定牢靠。

⑤司锤人员在工作中必须听从掌钳人员的指挥,不得随意开、停机械。

⑥切断工件时,切口正面严禁站人。

⑦锻件未达到所需温度时,锻件放在砧上的位置不合乎要求时,锻件夹持不稳或不平时,均不得进行锻打。

⑧锻打前,应先将工件表面和砧上的氧化铁皮清除。

⑨作业前,应先试运转 1～2min,冬季应先用手转动,然后启动。较长时间停用的锻锤,启动前应先排出汽缸中的积水。

⑩提升锤头的操纵杆,不得超过规定位置,应避免打空锤。不得冷锻或锤打过烧的工件。

⑪作业后,应将锤头提起,并将木板放在砧子上,再将锤头落在木板上。

(4)剪板机安全要求。

①应根据剪切板材厚度,调整上、下切刀间隙,切刀间隙不

得大于板材厚度的5%，斜口剪时不得大于7%，调整后应用手转动及空车运转试验。

②两人以上（含两人）作业时，须待指挥人员发出信号方可作业，送料时须待上剪刀停止后进行，严禁将手伸进垂直压紧装置的内侧。

③剪切钢板的厚度不得超过剪板机规定的能力。剪窄板材时，应在被剪板材上压一块较宽钢板，使垂直压紧装置下落时，能压牢被剪板材。

④制动装置应根据磨损情况，及时调整。

⑤启动前，应检查各部润滑、紧固情况，切刀不得有缺口，启动后空转1～2min，确认正常后，方可作业。

⑥送料时，应放正、放平、放稳，手指不得接近切口和压板。

(5)卷板机安全要求。

①作业中，工件上禁止站人，亦不得站在已滚好的圆筒上找正圆度。

②作业中，用样板检查圆度时，须停机后进行。滚卷工件到末端时，应留一定的余量。

③滚卷较窄的筒体时，应放在轧辊中间滚卷。

④滚卷较厚、直径较大的筒体或材料强度较大的工件时，应少量下降轧辊并应经多次滚卷成型。

⑤作业中，操作人员应站在工件的两侧。

⑥工件进入轧辊后，应防止人手和衣服被卷入轧辊内。

(6)剪冲机安全要求。

①启动前，离合器、制动器应灵敏、可靠；安全防护装置齐全、牢靠；传动的齿轮中应无杂物，并用手转动确认正常后方可启动。

②作业中，严禁将手伸到模具中取工件或调整工件位置，应

用钳、钩等在离合器分离后进行，并不得将脚搁在离合器踏板上。

③启动后，先空运转，确认各部正常后方可作业。

④剪冲窄板材时应用特制的工具夹进板材边缘，并压住板材进行剪冲，剪冲下的余料应随时用木棍推出。

⑤更换或校对模具，必须在停机后进行，模具应卡紧，不得松动，冲模四周间隙必须相等，冲模及被冲工件均应保持清洁，调整冲程时应防止冲模冲入过深。

⑥调换切刀时，必须在切断电源、停机后进行。

⑦角钢冲孔时，必须用特制的工具将角钢稳定后方可进行。

⑧更换冲头漏盘时，必须将操纵冲头的手柄放在空挡位置，停机后进行。

⑨不得剪冲已淬火及强度超过剪冲机性能的钢材。

⑩两人（含）以上作业时，应有专人指挥，做到协调一致。

(7)摩擦压力机安全要求。

①工件应放在承压台正中，遇有偏心或斜面的工件，要使压头在工件的重心上。

②装模前，必须检查模具闭合高度，调整冲头上、下行程，使其保持在规定的范围内。

③作业前，必须检查锤头定位装置，缓冲垫应完好，模具应夹紧。

④更换模具时，必须将压杆螺栓升起，切断电源，停机后将操纵杆放在空挡位置方可更换。

⑤作业中应经常检查：油压压力、空气压力正常；两侧摩擦轮锁紧螺母、制动传动控制机构螺栓应紧固；操纵机构、拔叉必须灵活、准确。发现异常应停机检修。

⑥操作与送料人员之间应按规定信号，密切配合。

二、现场施工安全操作基本规定

1. 杜绝“三违”现象

员工遵章守纪，是实现安全生产的基础。员工在生产过程中，不仅要有熟练的技术，而且必须自觉遵守各项操作规程和劳动纪律，远离“三违”，即违章指挥、违章操作、违反劳动纪律。

(1)违章指挥。企业负责人和有关管理人员法制观念淡薄，缺乏安全知识，思想上存有侥幸心理，对国家、集体的财产和人民群众的生命安全不负责任。明知不符合安全生产有关条件，仍指挥作业人员冒险作业。

(2)违章作业。作业人员没有安全生产常识，不懂安全生产规章制度和操作规程，或者在知道基本安全知识的情况下，在作业过程中，违反安全生产规章制度和操作规程，不顾国家、集体的财产和他人、自己的生命安全，擅自作业，冒险蛮干。

(3)违反劳动纪律。上班时不知道劳动纪律，或者不遵守劳动纪律，违反劳动纪律进行冒险作业，造成不安全因素。

2. 牢记“三宝”和“四口、五临边”

(1)“三宝”指安全帽、安全带、安全网。安全帽、安全带、安全网是工人的三件宝，只有正确佩戴和使用，才可以保证个人安全。

(2)“四口”指楼梯口、电梯井口、预留洞口、通道口。“五临边”是指尚未安装栏杆的阳台周边、无外架防护的层面周边、框架工程楼层周边、上下跑道及斜道的两侧边、卸料平台的侧边。

“四口、五临边”是施工现场最危险和最容易发生事故的地方，因此对施工现场重要危险部位进行正确的防护，可以有效地减少事故发生，为工人作业提供一个安全的环境。

3. 做到“三不伤害”

“三不伤害”是指不伤害自己、不伤害他人、不被他人伤害。

施工现场每一个操作人员和管理人员都要增强自我保护意识，同时也要对安全生产自觉负起监督的责任，才能达到全员安全的目的。

施工时经常有上下层或者不同工种、不同队伍互相交叉作业的情况，要避免这时候发生危险。相互间协调好，上层作业时，要对作业区域围蔽，有人值守，防止人员进入作业区下方。此外落物伤人，也是工地经常发生的事故之一，进入施工现场，一定要戴好安全帽。作业过程中，观察周围，不伤害他人，也不被他人伤害，这是工地安全的基本原则。自己不违章，只能保证不伤害自己，不伤害别人。要做到不被别人伤害，就要及时制止他人违章。制止他人违章既保护了自己，也保护了他人。

4. 加强“三懂三会”能力

“三懂三会”即懂得本岗位和部门有什么火灾危险性，懂得灭火知识，懂得预防措施；会报火警，会使用灭火器材，会处理初起火灾。

5. 掌握“十项安全技术措施”

(1)按规定使用安全“三宝”。

(2)机械设备防护装置一定要齐全有效。

(3)塔吊等起重设备必须有限位保险装置，不准带病运转，不准超负荷作业，不准在运转中维修保养。

(4)架设电线线路必须符合当地电业局的规定，电气设备必须全部接零接地。

(5)电动机械和手持电动工具要设置漏电保护器。

(6)脚手架材料及脚手架的搭设必须符合规程要求。

(7)各种缆风绳及其设置必须符合规程要求。

(8)在建工程的楼梯口、电梯口、预留洞口、通道口，必须有防护设施。

(9)严禁赤脚或穿高跟鞋、拖鞋进入施工现场，高空作业不准穿硬底和带钉易滑的鞋靴。

(10)施工现场的悬崖、陡坎等危险地区应设警戒标志，夜间要设红灯示警。

6. 施工现场行走或上下的“十不准”

(1)不准从正在起吊、运吊中的物件下通过。

(2)不准从高处往下跳或奔跑作业。

(3)不准在没有防护的外墙和外壁板等建筑物上行走。

(4)不准站在小推车等不稳定的物体上操作。

(5)不得攀登起重臂、绳索、脚手架、井字架、龙门架和随同运料的吊盘及吊装物上下。

(6)不准进入挂有“禁止出入”或设有危险警示标志的区域、场所。

(7)不准在重要的运输通道或上下行走通道上逗留。

(8)未经允许不准私自进入非本单位作业区域或管理区域，尤其是存有易燃、易爆物品的场所。

(9)严禁在无照明设施、无足够采光条件的区域、场所内行走、逗留。

(10)不准无关人员进入施工现场。

7. 做到“十不盲目操作”

做到“十不盲目操作”，是防止违章和事故的基本操作要求。

(1)新工人未经三级安全教育，复工换岗人员未经安全岗位教育，不盲目操作。

(2)特殊工种人员、机械操作工未经专门安全培训，无有效安全上岗操作证，不盲目操作。

(3)施工环境和作业对象情况不清，施工前无安全措施或作业安全交底不清，不盲目操作。

(4)新技术、新工艺、新设备、新材料、新岗位无安全措施，未进行安全培训教育、交底，不盲目操作。

(5)安全帽和作业所必需的个人防护用品不落实，不盲目操作。

(6)脚手、吊篮、塔吊、井字架、龙门架、外用电梯、起重机械、电焊机、钢筋机械、木工平刨、圆盘锯、搅拌机、打桩机等设施设备和现浇混凝土模板支撑、搭设安装后，未经验收合格，不盲目操作。

(7)作业场所安全防护措施不落实，安全隐患不排除，威胁人身和国家财产安全时，不盲目操作。

(8)凡上级或管理干部违章指挥，有冒险作业情况时，不盲目操作。

(9)高处作业、带电作业、禁火区作业、易燃易爆作业、爆破性作业、有中毒或窒息危险的作业和科研实验等其他危险作业的，均应由上级指派，并经安全交底；未经指派批准、未经安全交底和无安全防护措施，不盲目操作。

(10)隐患未排除，有自己伤害自己、自己伤害他人、自己被他人伤害的不安全因素存在时，不盲目操作。

8.“防止坠落和物体打击”的十项安全要求

(1)高处作业人员必须着装整齐,严禁穿硬塑料底等易滑鞋、高跟鞋,工具应随手放入工具袋中。

(2)高处作业人员严禁相互打闹,以免失足发生坠落事故。

(3)在进行攀登作业时,攀登用具结构必须牢固可靠,使用必须正确。

(4)各类手持机具使用前应检查,确保安全牢靠。洞口临边作业应防止物件坠落。

(5)施工人员应从规定的通道上下,不得攀爬脚手架、跨越阳台,不得在非规定通道进行攀登、行走。

(6)进行悬空作业时,应有牢靠的立足点并正确系挂安全带;现场应视具体情况配置防护栏网、栏杆或其他安全设施。

(7)高处作业时,所有物料应该堆放平稳,不可放置在临边或洞口附近,且不可妨碍通行。

(8)高处拆除作业时,对拆卸下的物料、建筑垃圾都要加以清理和及时运走,不得在走道上任意乱置或向下丢弃,保持作业走道畅通。

(9)高处作业时,不准往下或向上乱抛材料和工具等物件。

(10)各施工作业场所内,凡有坠落可能的任何物料,都应先行撤除或加以固定,拆卸作业要在设有禁区、有人监护的条件下进行。

9.防止机械伤害的“一禁、二必须、三定、四不准”

(1)一禁。不懂电器和机械的人员严禁使用和摆弄机电设备。

(2)二必须。

①机电设备应完好，必须有可靠有效的安全防护装置。

②机电设备停电、停工休息时必须拉闸关机，按要求上锁。

(3)三定。

①机电设备应做到定人操作，定人保养、检查。

②机电设备应做到定机管理、定期保养。

③机电设备应做到定岗位和岗位职责。

(4)四不准。

①机电设备不准带病运转。

②机电设备不准超负荷运转。

③机电设备不准在运转时维修保养。

④机电设备运行时，操作人员不准将头、手、身伸入运转的机械行程范围内。

10."防止车辆伤害"的十项安全要求

(1)未经劳动、公安交通部门培训合格的持证人员，不熟悉车辆性能者不得驾驶车辆。

(2)应坚持做好例保工作，车辆制动器、喇叭、转向系统、灯光等影响安全的部件如作用不良，不准出车。

(3)严禁翻斗车、自卸车的车厢乘人，严禁人货混装，车辆载货应不超载、超高、超宽，捆扎应牢固可靠，应防止车内物体失稳跌落伤人。

(4)乘坐车辆应坐在安全处，头、手、身不得露出车厢外，要避免车辆启动制动时跌倒。

(5)车辆进出施工现场，在场内掉头、倒车，在狭窄场地行驶时应有专人指挥。

(6)现场行车进场要减速，并做到"四慢"，即道路情况不明要慢，线路不良要慢，起步、会车、停车要慢，在狭路、桥梁弯路、坡路、叉道、行人拥挤地点及出入大门时要慢。

(7)临近机动车道的作业区和脚手架等设施以及道路中的路障,应加设安全色标、安全标志和防护措施,并要确保夜间有充足的照明。

(8)装卸车作业时,若车辆停在坡道上,应在车轮两侧用楔形木块加以固定。

(9)人员在场内机动车道应避免右侧行走,并做到不平排结队有碍交通;避让车辆时,应不避让于两车交会之中,不站于旁有堆物无法退让的死角。

(10)机动车辆不得牵引无制动装置的车辆,牵引物体时物体上不得有人,人不得进入正在牵引的物与车之间,坡道上牵引时,车和被牵引物下方不得有人作业和停留。

11."防止触电伤害"的十项安全操作要求

根据安全用电"装得安全、拆得彻底、用得正确、修得及时"的基本要求,为防止触电伤害的操作要求有:

(1)非电工严禁拆接电气线路、插头、插座、电气设备、电灯等。

(2)使用电气设备前必须检查线路、插头、插座、漏电保护装置是否完好。

(3)电气线路或机具发生故障时,应找电工处理,非电工不得自行修理或排除故障。

(4)使用振捣器等手持电动机械和其他电动机械从事湿作业时,要由电工接好电源,安装上漏电保护器,操作者必须穿戴好绝缘鞋、绝缘手套后再进行作业。

(5)搬迁或移动电气设备必须先切断电源。

(6)搬运钢筋、钢管及其他金属物时,严禁触碰到电线。

(7)禁止在电线上挂晒物料。

(8)禁止使用照明器烘烤、取暖,禁止擅自使用电炉和其他电加热器。

(9)在架空输电线路附近工作时,应停止输电,不能停电时,应有隔离措施,要保持安全距离,防止触碰。

(10)电线必须架空,不得在地面、施工楼面随意乱拖,若必须通过地面、楼面时,应有过路保护,物料、车、人不准压踏碾磨电线。

12. 施工现场防火安全规定

(1)施工现场要有明显的防火宣传标志。

(2)施工现场必须设置临时消防车道。其宽度不得小于3.5m,并保证临时消防车道的畅通,禁止在临时消防车道上堆物、堆料或挤占临时消防车道。

(3)施工现场必须配备消防器材,做到布局合理。要害部位应配备不少于4具的灭火器,要有明显的防火标志,并经常检查、维护、保养,保证灭火器材灵敏有效。

(4)施工现场消火栓应布局合理,消防干管直径不小于100mm,消火栓处昼夜要设有明显标志,配备足够的水龙带,周围3m内不准存放物品。地下消火栓必须符合防火规范。

(5)高度超过24m的建筑工程,应安装临时消防竖管。管径不得小于75mm,每层设消火栓口,配备足够的水龙带。消防水要保证足够的水源和水压,严禁消防竖管作为施工用水管线。消防泵房应使用非燃材料建造,位置设置合理,便于操作,并设专人管理,保证消防供水。消防泵的专用配电线路应引自施工现场总断路器的上端,要保证连续不间断供电。

(6)电焊工、气焊工从事电气设备安装的电焊、气焊切割作业，要有操作证和用火证。用火前，要对易燃、可燃物采取清除、隔离等措施，配备看火人员和灭火器具，作业后必须确认无火源隐患后方可离去。用火证当日有效。用火地点变换，要重新办理用火证手续。

(7)氧气瓶、乙炔瓶工作间距不小于5m，两瓶与明火作业距离不小于10m。建筑工程内禁止氧气瓶、乙炔瓶存放，禁止使用液化石油气“钢瓶”。

(8)施工现场使用的电气设备必须符合防火要求。临时用电必须安装过载保护装置，电闸箱内不准使用易燃、可燃材料。严禁超负荷使用电气设备。

(9)施工材料的存放、使用应符合防火要求。库房应采用非燃材料支搭，易燃易爆物品应专库储存，分类单独存放，保持通风，用电符合防火规定。不准在工程内、库房内调配油漆、烯料。

(10)工程内部不准作为仓库使用，不准存放易燃、可燃材料，因施工需要进入工程内部的可燃材料，要根据工程计划限量进入并采取可靠的防火措施。废弃材料应及时消除。

(11)施工现场使用的安全网、密目式安全网、密目式防尘网、保温材料，必须符合消防安全规定，不得使用易燃、可燃材料。

(12)施工现场严禁吸烟，不得在建筑工程内部设置宿舍。

(13)施工现场和生活区，未经有关部门批准不得使用电热器具。严禁工程中明火保温施工及宿舍内明火取暖。

(14)从事油漆粉刷或防水等有毒及易燃危险作业时，要有具体的防火要求，必要时派专人看护。

(15)生活区的设置必须符合消防管理规定。严禁使用可燃材料搭设，宿舍内不得卧床吸烟，房间内住20人以上必须设置不少于2处的安全门，居住100人以上，要有消防安全通道及人员疏散预案。

(16)生活区的用电要符合防火规定。食堂使用的燃料必须符合使用规定,用火点和燃料不能在同一房间内,使用时要有专人管理,停火时将总开关关闭,经常检查有无泄漏。

三、高处作业安全知识

1. 高处作业的一般施工安全规定和技术措施

按照《高处作业分级》(GB/T 3608—2008)规定:凡在坠落高度基准面2m以上(含2m)的可能坠落的高处所进行的作业,都称为高处作业。

在施工现场高处作业中,如果未防护、防护不好或作业不当都可能发生人或物的坠落。人从高处坠落的事故,称为高处坠落事故。物体从高处坠落砸着下面人的事故,称为物体打击事故。建筑施工中的高处作业主要包括临边、洞口、攀登、悬空、交叉作业等类型,这些是高处作业伤亡事故可能发生的主要地点。

高处作业时的安全措施有设置防护栏杆,孔洞加盖,安装安全防护门,满挂安全平立网,必要时设置安全防护棚等。

(1)施工前,应逐级进行安全技术教育及交底,落实所有安全技术措施和个人防护用品,未经落实时不得进行施工。

(2)高处作业中的安全标志、工具、仪表、电气设施和各种设备,必须在施工前加以检查,确认其完好,方能投入使用。

(3)悬空、攀登高处作业以及搭设高处安全设施的人员必须按照国家有关规定,经过专门的安全作业培训,并取得特种作业操作资格证书后,方可上岗作业。

(4)从事高处作业的人员必须定期进行身体检查,诊断患有心脏病、贫血、高血压、癫痫病、恐高症及其他不适宜高处作业的疾病时，不得从事高处作业。

(5)高处作业人员应头戴安全帽，身穿紧口工作服，脚穿防滑鞋，腰系安全带。

(6)高处作业场所有坠落可能的物体，应一律先行撤除或予以固定。所用物件均应堆放平稳，不妨碍通行和装卸。工具应随手放入工具袋，拆卸下的物件及余料和废料均应及时清理运走，清理时应采用传递或系绳提溜方式，禁止抛掷。

(7)遇有六级以上强风、浓雾和大雨等恶劣天气，不得进行露天悬空与攀登高处作业。台风暴雨后，应对高处作业安全设施逐一检查，发现有松动、变形、损坏或脱落、漏雨、漏电等现象，应立即修理完善或重新设置。

(8)所有安全防护设施和安全标志等，任何人都不得损坏或擅自移动和拆除。因作业必须临时拆除或变动安全防护设施、安全标志时，必须经有关施工负责人同意，并采取相应的可靠措施，作业完毕后立即恢复。

(9)施工中对高处作业的安全技术设施发现有缺陷和隐患时，必须立即报告，及时解决。危及人身安全时，必须立即停止作业。

2. 高处作业的基本安全技术措施

(1)凡是临边作业，都要在临边处设置防护栏杆，一般上杆离地面高度为1.0～1.2m，下杆离地面高度为0.5～0.6m；防护栏杆必须自上而下用安全网封闭，或在栏杆下边设置严密固定的高度不低于18cm的挡脚板或40cm的挡脚竹笆。

(2)对于洞口作业，可根据具体情况采取设防护栏杆、加盖板、张挂安全网与装栅门等措施。

(3)进行攀登作业时，作业人员要从规定的通道上下，不能在阳台之间等非规定通道进行攀登，也不得任意利用吊车车臂架等施工设备进行攀登。

(4)进行悬空作业时，要设有牢靠的作业立足处，并视具体情况设防护栏杆，搭设架手架、操作平台，使用马凳，张挂安全网或其他安全措施；作业所用索具、脚手板、吊篮、吊笼、平台等设备，均需经技术鉴定方能使用。

(5)进行交叉作业时，注意不得在上下同一垂直方向上操作，下层作业的位置必须处于依上层高度确定的可能坠落范围之外。不符合以上条件时，必须设置安全防护层。

(6)结构施工自二层起，凡人员进出的通道口(包括井架、施工电梯的进出口)，均应搭设安全防护棚。高度超过24m时，防护棚应设双层。

(7)建筑施工进行高处作业之前，应进行安全防护设施的检查和验收。验收合格后，方可进行高处作业。

3. 高处作业安全防护用品使用常识

由于建筑行业的特殊性，高处作业中发生高处坠落、物体打击事故的比例最大。要避免伤亡事故，作业人员必须正确佩戴安全帽，调好帽箍，系好帽带；正确使用安全带，高挂低用；按规定架设安全网。

(1)安全帽。对人体头部受外力伤害(如物体打击)起防护作用的帽子。使用时要注意：

①选用经有关部门检验合格，其上有“安鉴”标志的安全帽。

②使用安全帽前先检查外壳是否破损，有无合格帽衬，帽带是否齐全，如果不符合要求则立即更换。

③调整好帽箍、帽衬(4～5cm)，系好帽带。

(2)安全带。高处作业人员预防坠落伤亡的防护用品。使用时要注意：

①选用经有关部门检验合格的安全带，并保证在使用有效期内。

②安全带严禁打结、续接。

③使用中，要可靠地挂在牢固的地方，高挂低用，且要防止摆动，避免明火和刺割。

④2m 以上的悬空作业，必须使用安全带。

⑤在无法直接挂设安全带的地方，应设置挂安全带的安全拉绳、安全栏杆等。

(3)安全网。用来防止人、物坠落或用来避免、减轻坠落及物体打击伤害的网具。使用时要注意：

①要选用有合格证的安全网；在使用时，必须按规定到有关部门检测、检验合格，方可使用。

②安全网若有破损、老化，应及时更换。

③安全网与架体连接不宜绷得太紧，系结点要沿边分布均匀、绑牢。

④立网不得作为平网使用。

⑤立网必须选用密目式安全网。

四、脚手架作业安全技术常识

1. 脚手架的作用及常用架型

脚手架的搭设、拆除作业属悬空、攀登高处作业，其作业人员必须按照国家有关规定经过专门的安全作业培训，并取得特种作业操作资格证书后，方可上岗作业。其他无资格证书的作业人员只能做一些辅助工作，严禁悬空、登高作业。

脚手架的主要作用是在高处作业时供堆料、短距离水平运输及作业人员在上面进行施工作业。高处作业的五种基本类型的安全隐患在脚手架上作业中都会发生。

脚手架应满足以下基本要求：

(1)要有足够的牢固性和稳定性，保证施工期间在所规定的荷载和气候条件下，不产生变形、倾斜和摇晃。

(2)要有足够的使用面积，满足堆料、运输、操作和行走的要求。

(3)构造要简单，搭设、拆除和搬运要方便。

常用脚手架有扣件式钢管脚手架、门型钢管脚手架、碗扣式钢管架等。此外还有附着升降脚手架、吊篮式脚手架、挂式脚手架等。

2. 脚手架作业一般安全技术常识

(1)每项脚手架工程都要有经批准的施工方案并严格按照此方案搭设和拆除，作业前必须组织全体作业人员熟悉施工和作业要求，进行安全技术交底。班组长要带领作业人员对施工作业环境及所需工具、安全防护设施等进行检查，消除隐患后方可作业。

(2)脚手架要结合工程进度搭设，结构施工时脚手架要始终高出作业面一步架，但不宜一次搭得过高。未完成的脚手架，作业人员离开作业岗位(休息或下班)时，不得留有未固定的构件，并应保证架子稳定。

脚手架要经验收签字后方可使用。分段搭设时应分段验收。在使用过程中要定期检查，较长时间停用、台风或暴雨过后使用前要进行检查加固。

(3)落地式脚手架基础必须坚实，若是回填土，必须平整夯实，并做好排水措施，以防止地基沉陷引起架子沉降、变形、倒塌。当基础不能满足要求时,可采取挑、吊、撑等技术措施,将荷载分段卸到建筑物上。

(4)设计搭设高度较小(15m 以下)时,可采用抛撑;当设计高度较大时,采用既抗拉又抗压的连墙点(根据规范用柔性或刚性连墙点)。

(5)施工作业层的脚手板要满铺、牢固,离墙间隙不大于15cm,并不得出现探头板;在架子外侧四周设 1.2m 高的防护栏杆及 18cm 的挡脚板,且在作业层下装设安全平网;架体外排立杆内侧挂设密目式安全立网。

(6)脚手架出入口须设置规范的通道口防护棚;外侧临街或高层建筑脚手架,其外侧应设置双层安全防护棚。

(7)架子使用中,通常架上的均布荷载,不应超过规范规定。人员、材料不要太集中。

(8)在防雷保护范围之外,应按规定安装防雷保护装置。

(9)脚手架拆除时,应设警戒区和醒目标志,有专人负责警戒;架体上的材料、杂物等应消除干净;架体若有松动或危险的部位,应予以先行加固,再进行拆除。

(10)拆除顺序应遵循"自上而下,后装的构件先拆,先装的后拆,一步一清"的原则,依次进行。不得上下同时拆除作业,严禁用踏步式、分段、分立面拆除法。

(11)拆下来的杆件、脚手板、安全网等应用运输设备运至地面,严禁从高处向下抛掷。

五、施工现场临时用电安全知识

1. 现场临时用电安全基本原则

(1)建筑施工现场的电工、电焊工属于特种作业工种,必须按国家有关规定经专门安全作业培训，取得特种作业操作资格证书，方可上岗作业。其他人员不得从事电气设备及电气线路的安装、维修和拆除。

(2)建筑施工现场必须采用TN-S接零保护系统，即具有专用保护零线(PE线)、电源中性点直接接地的220/380V三相五线制系统。

(3)建筑施工现场必须按“三级配电二级保护”设置。

(4)施工现场的用电设备必须实行“一机、一闸、一漏、一箱”制，即每台用电设备必须有自己专用的开关箱，专用开关箱内必须设置独立的隔离开关和漏电保护器。

(5)严禁在高压线下方搭设临建、堆放材料和进行施工作业；在高压线一侧作业时，必须保持至少6m的水平距离，达不到上述距离时，必须采取隔离防护措施。

(6)在宿舍工棚、仓库、办公室内，严禁使用电饭煲、电水壶、电炉、电热杯等较大功率电器。如需使用，应由项目部安排专业电工在指定地点安装，可使用较高功率电器的电气线路和控制器。严禁使用不符合安全要求的电炉、电热棒等。

(7)严禁在宿舍内乱拉、乱接电源，非专职电工不准乱接或更换熔丝，不准以其他金属丝代替熔丝(保险丝)。

(8)严禁在电线上晾衣服和挂其他东西等。

(9)搬运较长的金属物体，如钢筋、钢管等材料时，应注意不要碰触到电线。

(10)在临近输电线路的建筑物上作业时，不能随便往下扔金属类杂物；更不能触摸、拉动电线或与电线接触的钢丝和电杆的拉线。

(11)移动金属梯子和操作平台时，要观察高处输电线路与移动物体的距离，确认有足够的安全距离，再进行作业。

(12)在地面或楼面上运送材料时,不要踏在电线上;停放手推车,堆放钢模板、跳板、钢筋时,不要压在电线上。

(13)移动有电源线的机械设备,如电焊机、水泵、小型木工机械等,必须先切断电源,不能带电搬动。

(14)当发现电线坠地或设备漏电时,切不可随意跑动和触摸金属物体,并应保持 10m 以上距离。

2. 安全电压

安全电压是为防止触电事故而采用的 50V 以下特定电源供电的电压系列,分为 42V、36V、24V、12V 和 6V 五个等级,根据不同的作业条件,选用不同的安全电压等级。建筑施工现场常用的安全电压有 12V、24V、36V。

以下特殊场所必须采用安全电压照明供电:

(1)室内灯具离地面低于 2.4m、手持照明灯具、一般潮湿作业场所(地下室、潮湿室内、潮湿楼梯、隧道、人防工程以及有高温、导电灰尘等)的照明,电源电压应不大于 36V。

(2)潮湿和易触及带电体场所的照明电源电压,应不大于 24V。

(3)在特别潮湿的场所、锅炉或金属容器内、导电良好的地面使用手持照明灯具等,照明电源电压不得大于 12V。

3. 电线的相色

(1)正确识别电线的相色。

电源线路可分为工作相线(火线)、专用工作零线和专用保护零线。一般情况下,工作相线(火线)带电危险,专用工作零线和专用保护零线不带电(但在不正常情况下,工作零线也可以带电)。

(2)相色规定。

一般相线(火线)分为A、B、C三相,分别为黄色、绿色、红色;工作零线为黑色;专用保护零线为黄绿双色线。

严禁用黄绿双色、黑色、蓝色线充当相线,也严禁用黄色、绿色、红色线作为工作零线和保护零线。

4. 插座的使用

要正确使用与安装插座。

(1)插座分类。

常用的插座分为单相双孔、单相三孔和三相三孔、三相四孔等。

(2)选用与安装接线。

①三孔插座应选用"品字形"结构,不应选用等边三角形排列的结构,因为后者容易发生三孔互换,造成触电事故。

②插座在电箱中安装时,必须首先固定安装在安装板上,接地极与箱体一起作可靠的PE保护。

③三孔或四孔插座的接地孔(较粗的一个孔),必须置于顶部位置,不可倒置,两孔插座应水平并列安装,不准垂直并列安装。

④插座接线要求:对于两孔插座,左孔接零线,右孔接相线;对于三孔插座,左孔接零线,右孔接相线,上孔接保护零线;对于四孔插座,上孔接保护零线,其他三孔分别接A、B、C三根相线。

5. "用电示警"标志

正确识别"用电示警"标志或标牌,不得随意靠近、随意损坏和挪动标牌(表3-1)。进入施工现场的每个人都必须认真遵守用电管理规定,见到用电示警标志或标牌时,不得随意靠近,更不准随意损坏、挪动标牌。

表 3-1 用电示警标志分类和使用

使用 分类	颜色	使用场所
常用电力标志	红色	配电房、发电机房、变压器等重要场所
高压示警标志	字体为黑色，箭头和边框为红色	需高压示警场所
配电房示警标志	字体为红色，边框为黑色（或字与边框交换颜色）	配电房或发电机房
维护检修示警标志	底为红色，字为白色（或字为红色，底为白色，边框为黑色）	维护检修时相关场所
其他用电示警标志	箭头为红色，边框为黑色，字为红色或黑色	其他一般用电场所

6. 电气线路的安全技术措施

(1)施工现场电气线路全部采用“三相五线制”（TN-S 系统）专用保护接零（PE 线）系统供电。

(2)施工现场架空线采用绝缘铜线。

(3)架空线设在专用电杆上，严禁架设在树木、脚手架上。

(4)导线与地面保持足够的安全距离。

导线与地面最小垂直距离：施工现场应不小于 4m；机动车道应不小于 6m；铁路轨道应不小于 7.5m。

(5)无法保证规定的电气安全距离时，必须采取防护措施。

如果由于在建工程位置限制而无法保证规定的电气安全距离，必须采取设置防护性遮拦、栅栏，悬挂警告标志牌等防护措施,发生高压线断线落地时,非检修人员要远离落地处10m以外,以防跨步电压危害。

(6)为了防止设备外壳带电发生触电事故,设备应采用保护接零,并安装漏电保护器等措施。作业人员要经常检查保护零线连接是否牢固可靠,漏电保护器是否有效。

(7)在电箱等用电危险地方,挂设安全警示牌。如"有电危险""禁止合闸,有人工作"等。

7. 照明用电的安全技术措施

施工现场临时照明用电的安全要求如下:

(1)临时照明线路必须使用绝缘导线。户内(工棚)临时线路的导线必须安装在离地2m以上的支架上;户外临时线路必须安装在离地2.5m以上的支架上,零星照明线不允许使用花线,一般应使用软电缆线。

(2)建设工程的照明灯具宜采用拉线开关。拉线开关距地面高度为2～3m,与出口、入口的水平距离为0.15～0.2m。

(3)严禁在床头设立开关和插座。

(4)电器、灯具的相线必须经过开关控制。

不得将相线直接引入灯具,也不允许以电气插头代替开关来分合电路,室外灯具距地面不得低于3m;室内灯具不得低于2.4m。

(5)使用手持照明灯具(行灯)应符合一定的要求:

①电源电压不超过36V。

②灯体与手柄应坚固,绝缘良好,并耐热防潮湿。

③灯头与灯体结合牢固。

④灯泡外部要有金属保护网。

⑤金属网、反光罩、悬吊挂钩应固定在灯具的绝缘部位上。

(6)照明系统中每一单相回路上，灯具和插座数量不宜超过25个，并应装设熔断电流为15A以下的熔断保护器。

8. 配电箱与开关箱的安全技术措施

施工现场临时用电一般采用三级配电方式，即总配电箱(或配电室)，下设分配电箱，再以下设开关箱，开关箱以下就是用电设备。

配电箱和开关箱的使用安全要求如下：

(1)配电箱、开关箱的箱体材料，一般应选用钢板，亦可选用绝缘板，但不宜选用木质材料。

(2)配电箱、开关箱应安装端正、牢固，不得倒置、歪斜。

固定式配电箱、开关箱的下底与地面垂直距离应大于或等于1.3m且小于或等于1.5m；移动式配电箱、开关箱的下底与地面的垂直距离应大于或等于0.6m且小于或等于1.5m。

(3)进入开关箱的电源线，严禁用插销连接。

(4)电箱之间的距离不宜太远。

配电箱与开关箱的距离不得超过30m。开关箱与固定式用电设备的水平距离不宜超过3m。

(5)每台用电设备应有各自专用的开关箱，且必须满足“一机、一闸、一漏、一箱”的要求，严禁用同一个开关电器直接控制两台及两台以上用电设备(含插座)。

开关箱中必须设漏电保护器，其额定漏电动作电流应不大于30mA，漏电动作时间应不大于0.1s。

(6)所有配电箱门应配锁，不得在配电箱和开关箱内挂接或插接其他临时用电设备，开关箱内严禁放置杂物。

(7)配电箱、开关箱的接线应由电工操作，非电工人员不得乱接。

9. 配电箱和开关箱的使用要求

(1)在停电、送电时,配电箱、开关箱之间应遵守合理的操作顺序。

送电操作顺序:总配电箱→分配电箱→开关箱。

断电操作顺序:开关箱→分配电箱→总配电箱。

正常情况下,停电时首先分断自动开关,然后分断隔离开关;送电时先合隔离开关,后合自动开关。

(2)使用配电箱、开关箱时,操作者应接受岗前培训,熟悉所使用设备的电气性能和掌握有关开关的正确操作方法。

(3)及时检查、维修,更换熔断器的熔丝必须用原规格的熔丝,严禁用铜线、铁线代替。

(4)配电箱的工作环境应经常保持设置时的要求,不得在其周围堆放任何杂物,保持必要的操作空间和通道。

(5)维修机器停电作业时,要与电源负责人联系停电,要悬挂警示标志,卸下保险丝,锁上开关箱。

10. 手持电动机具的安全使用要求

(1)一般场所应选用Ⅰ类手持式电动工具,并应装设额定漏电动作电流不大于15mA、额定漏电动作时间小于0.1s的漏电保护器。

(2)在露天、潮湿场所或金属构架上操作时,必须选用Ⅱ类手持式电动工具,并装设漏电保护器,严禁使用Ⅰ类手持式电动工具。

(3)负荷线必须采用耐用的橡皮护套铜芯软电缆。

单相用三芯(其中一芯为保护零线)电缆;三相用四芯(其中一芯为保护零线)电缆;电缆不得有破损或老化现象,中间不得有接头。

(4)手持电动工具应配备装有专用的电源开关和漏电保护器的开关箱,严禁一台开关接两台以上设备,其电源开关应采用双刀控制。

(5)手持电动工具开关箱内应采用插座连接,其插头、插座应无损坏、无裂纹,且绝缘良好。

(6)使用手持电动工具前,必须检查外壳、手柄、负荷线、插头等是否完好无损,接线是否正确(防止相线与零线错接);发现工具外壳、手柄破裂,应立即停止使用并进行更换。

(7)非专职人员不得擅自拆卸和修理工具。

(8)作业人员使用手持电动工具时,应穿绝缘鞋,戴绝缘手套,操作时握其手柄,不得利用电缆提拉。

(9)长期搁置不用或受潮的工具在使用前应由电工测量绝缘阻值是否符合要求。

11. 触电事故及原因分析

(1)缺乏电气安全知识,自我保护意识淡薄。

电气设施安装或接线不是由专业电工操作,而是由非专业人员安装。安装人又无基本的电气安全知识,装设不符合电气基本要求,造成意外的触电事故。发生这种触电事故的原因都是缺乏电气安全知识,无自我保护意识。

(2)违反安全操作规程。

施工现场中,有人图方便,不用插头,在电箱乱拉乱接电线。还有人在宿舍私自拉接电线照明,在床上接音响设备、电风扇,有的甚至烧水、做饭等,极易造成触电事故。也有人凭经验用手去试探电器是否带电或不采取安全措施带电作业,或带着侥幸心理,在带电体(如高压线)周围,不采取任何安全措施,违章作业，造成触电事故等。

(3)不使用"TN-S"接零保护系统。

有的工地未使用"TN-S"接零保护系统，或者未按要求连接专用保护接零线，无有效地安全保护系统。不按"三级配电二级保护""一机、一闸、一漏、一箱"设置，造成工地用电使用混乱，易造成误操作，并且在触电时，使得安全保护系统未起可靠的安全保护效果。

(4)电气设备安装不合格。

电气设备安装必须遵守安全技术规定，否则由于安装错误，当人身接触带电部分时，就会造成触电事故。如电线高度不符合安全要求，太低，架空线乱拉、乱扯，有的还将电线拴在脚手架上，导线的接头只用老化的绝缘布包上，以及电气设备没有做保护接地、保护接零等，一旦漏电就会发生严重触电事故。

(5)电气设备缺乏正常检修和维护。

由于电气设备长期使用，易出现电气绝缘老化、导线裸露、胶盖刀闸胶木破损、插座盖子损坏等。如不及时检修，一旦漏电，将造成严重后果。

(6)偶然因素。

电力线被风刮断，导线接触地面引起跨步电压，当人走近该地区时就会发生触电事故。

六、起重吊装机械安全操作常识

1. 基本要求

塔式起重机、施工电梯、物料提升机等施工起重机械的操作(也称为司机)、指挥、司索等作业人员属特种作业，必须按国家有关规定经专门安全作业培训，取得特种作业操作资格证书，方可上岗作业。

施工起重机械(也称垂直运输设备)必须由有相应的制造(生产)许可证的企业生产,并有出厂合格证。其安装、拆除、加高及附墙施工作业,必须由有相应作业资格的队伍作业,作业人员必须按国家有关规定经专门安全作业培训,取得特种作业操作资格证书,方可上岗作业。其他非专业人员不得上岗作业。安装、拆卸、加高及附墙施工作业前,必须有经审批、审查的施工方案,并进行方案及安全技术交底。

2. 塔式起重机使用安全常识

(1)起重机“十不吊”。

①起重臂和吊起的重物下面有人停留或行走不准吊。

②起重指挥应由技术培训合格的专职人员担任,无指挥或信号不清不准吊。

③钢筋、型钢、管材等细长和多根物件必须捆扎牢靠,多点起吊。单头“千斤”或捆扎不牢靠不准吊。

④多孔板、积灰斗、手推翻斗车不用四点吊或大模板外挂板不用卸甲不准吊。预制钢筋混凝土楼板不准双拼吊。

⑤吊砌块必须使用安全可靠的砌块夹具,吊砖必须使用砖笼,并堆放整齐。木砖、预埋件等零星物件要用盛器堆放稳妥,叠放不齐不准吊。

⑥楼板、大梁等吊物上站人不准吊。

⑦埋入地下的板桩、井点管等以及粘连、附着的物件不准吊。

⑧多机作业,应保证所吊重物距离不小于 3m,在同一轨道上多机作业,无安全措施不准吊。

⑨六级以上强风不准吊。

⑩斜拉重物或超过机械允许荷载不准吊。

(2)塔式起重机吊运作业区域内严禁无关人员入内，起吊物下方不准站人。

(3)司机(操作)、指挥、司索等工种应按有关要求配备，其他人员不得作业。

(4)六级以上强风不准吊运物件。

(5)作业人员必须听从指挥人员的指挥，吊物起吊前作业人员应撤离。

(6)吊物的捆绑要求。

①吊运物件时，应清楚重量，吊运点及绑扎应牢固可靠。

②吊运散件物时，应用铁制合格料斗，料斗上应设有专用的牢固的吊装点；料斗内装物高度不得超过料斗上口边，散粒状的轻浮易撒物盛装高度应低于上口边线 10cm。

③吊运长条状物品(如钢筋、长条状木方等)，所吊物件应在物品上选择两个均匀、平衡的吊点，绑扎牢固。

④吊运有棱角、锐边的物品时，钢丝绳绑扎处应做好防护措施。

3. 施工电梯使用安全常识

施工电梯也称外用电梯，也有称为(人、货两用)施工升降机，是施工现场垂直运输人员和材料的主要机械设备。

(1)施工电梯投入使用前，应在首层搭设出入口防护棚，防护棚应符合有关高处作业规范。

(2)电梯在大雨、大雾、六级以上大风以及导轨架、电缆等结冰时，必须停止使用，并将梯笼降到底层，切断电源。暴风雨后，应对电梯各安全装置进行一次检查，确认正常，方可使用。

(3)电梯底笼周围 2.5m 范围，应设置防护栏杆。

(4)电梯各出料口运输平台应平整牢固，还应安装牢固可靠的栏杆和安全门，使用时安全门应保持关闭。

(5)电梯使用应有明确的联络信号，禁止用敲打、呼叫等方式联络。

(6)乘坐电梯时，应先关好安全门，再关好梯笼门，方可启动电梯。

(7)梯笼内乘人或载物时，应使载荷均匀分布，不得偏重；严禁超载运行。

(8)等候电梯时，应站在建筑物内，不得聚集在通道平台上，也不得将头手伸出栏杆和安全门外。

(9)电梯每班首次载重运行时，当梯笼升离地面 1～2m 时，应停机试验制动器的可靠性；当发现制动效果不良时，应调整或修复后方可投入使用。

(10)操作人员应根据指挥信号操作。作业前应鸣声示意。在电梯未切断总电源开关前，操作人员不得离开操作岗位。

(11)施工电梯发生故障的处理。

①当运行中发现异常情况时，应立即停机并采取有效措施，将梯笼降到底层，排除故障后方可继续运行。

②在运行中发现电梯失控时，应立即按下急停按钮；在未排除故障前，不得打开急停按钮。

③在运行中发现制动器失灵时，可将梯笼开至底层维修；或者让其下滑防坠安全器制动。

④在运行中发现故障时，不要惊慌，电梯的安全装置将提供可靠的保护；应听从专业人员的安排，或等待修复，或听从专业人员的指挥撤离。

(12)作业后，应将梯笼降到底层，各控制开关拨到零位，切断电源，锁好开关箱，闭锁梯笼门和围护门。

4. 物料提升机使用安全常识

物料提升机有龙门架、井字架式的，也有的称为(货用)施工升降机，是施工现场物料垂直运输的主要机械设备。

(1)物料提升机用于运载物料，严禁载人上下；装卸料人员、维修人员必须在安全装置可靠或采取了可靠的措施后，方可进入吊笼内作业。

(2)物料提升机进料口必须加装安全防护门，并按高处作业规范搭设防护棚，并设安全通道，防止从棚外进入架体中。

(3)物料提升机在运行时，严禁对设备进行保养、维修，任何人不得攀登架体或从架体内穿过。

(4)运载物料的要求。

①运送散料时，应使用料斗装载，并放置平稳；使用手推斗车装置于吊笼时，必须将手推斗车平稳并制动放置，注意车把手及车不能伸出吊笼。

②运送长料时，物料不得超出吊笼；物料立放时，应捆绑牢固。

③物料装载时，应均匀分布，不得偏重，严禁超载运行。

(5)物料提升机的架体应有附墙或缆风绳，并应牢固可靠，符合说明书和规范的要求。

(6)物料提升机的架体外侧应用小网眼安全网封闭，防止物料在运行时坠落。

(7)禁止在物料提升机架体上进行焊接、切割或者钻孔等作业，防止损伤架体的任何构件。

(8)出料口平台应牢固可靠，并应安装防护栏杆和安全门。运行时安全门应保持关闭。

(9)吊笼上应有安全门，防止物料坠落；并且安全门应与安全停靠装置联锁。安全停靠装置应灵敏可靠。

(10)楼层安全防护门应有电气或机械锁装置,在安全门未可靠关闭时,禁止吊笼运行。

(11)作业人员等待吊笼时,应在建筑物内或者平台内距安全门 1m 以外处等待。严禁将头、手伸出栏杆或安全门。

(12)进出料口应安装明确的联络信号,高架提升机还应有可视系统。

5. 起重吊装作业安全常识

起重吊装是指建筑工程中,采用相应的机械设备和设施来完成结构吊装和设施安装,属于危险作业,作业环境复杂,技术难度大。

(1)作业前应根据作业特点编制专项施工方案,并对参加作业人员进行方案和安全技术交底。

(2)作业时周边应设置警戒区域,设置醒目的警示标志,防止无关人员进入;特别危险处应设监护人员。

(3)起重吊装作业大多数作业点都必须由专业技术人员作业;属于特种作业的人员必须按国家有关规定经专门安全作业培训,取得特种作业操作资格证书,方可上岗作业。

(4)作业人员应根据现场作业条件选择安全的位置作业。在卷扬机与地滑轮穿越钢丝绳的区域,禁止人员站立和通行。

(5)吊装过程必须设有专人指挥,其他人员必须服从指挥。起重指挥不能兼作其他工种,并应确保起重司机清晰准确地听到指挥信号。

(6)作业过程必须遵守起重机“十不吊”原则。

(7)被吊物的捆绑要求,按塔式起重机被吊物捆绑作业要求。

(8)构件存放场地应该平整坚实。构件叠放用方木垫平,必须稳固,不准超高(一般不宜超过1.6m)。构件存放除设置垫木外,必要时要设置相应的支撑,提高其稳定性。禁止无关人员在堆放的构件中穿行,防止发生构件倒塌挤人事故。

(9)在露天遇六级以上大风或大雨、大雪、大雾等天气时,应停止起重吊装作业。

(10)起重机作业时,起重臂和吊物下方严禁有人停留、工作或通过。重物吊运时,严禁人从上方通过。严禁用起重机载运人员。

(11)经常使用的起重工具注意事项。

①手动倒链:操作人员应经培训合格后方可上岗作业,吊物时应挂牢后慢慢拉动倒链,不得斜向拽拉。当一人拉不动时,应查明原因,禁止多人一齐猛拉。

②手搬葫芦:操作人员应经培训合格后方可上岗作业,使用前检查自锁夹钳装置的可靠性,当夹紧钢丝绳后,应能往复运动,否则禁止使用。

③千斤顶:操作人员应经培训合格后方可上岗作业,千斤顶置于平整坚实的地面上,并垫木板或钢板,防止地面沉陷。顶部与光滑物接触面应垫硬木,防止滑动。开始操作应逐渐顶升,注意防止顶歪,始终保持重物的平衡。

七、中小型施工机械安全操作常识

1. 基本安全操作要求

施工机械的使用必须按"定人、定机"制度执行。操作人员必须经培训合格,方可上岗作业,其他人员不得擅自使用。机械使用前,必须对机械设备进行检查,各部位确认完好无损,并空载试运行，符合安全技术要求，方可使用。

施工现场机械设备必须按其控制的要求，配备符合规定的控制设备，严禁使用倒顺开关。在使用机械设备时，必须严格按照安全操作规程，严禁违章作业；发现有故障、有异常响动、温度异常升高时，都必须立即停机，经过专业人员维修，并检验合格后，方可重新投入使用。

操作人员应做到“调整、紧固、润滑、清洁、防腐”十字作业的要求，按有关要求对机械设备进行保养。操作人员在作业时，不得擅自离开工作岗位。下班时，应先将机械停止运行，然后断开电源，锁好电箱，方可离开。

2. 混凝土(砂浆)搅拌机安全操作要求

(1)搅拌机的安装一定要平稳、牢固。长期固定使用时，应埋置地脚螺栓；短期使用时，应在机座上铺设木枕或撑架找平，牢固放置。

(2)料斗提升时，严禁在料斗下工作或穿行。清理料斗坑时，必须先切断电源，锁好电箱，并将料斗双保险钩挂牢或插上保险插销。

(3)运转时，严禁将头或手伸入料斗与机架之间查看，不得用工具或物件伸入搅拌筒内。

(4)运转中严禁保养维修。维修保养搅拌机，必须拉闸断电，锁好电箱，挂好“有人工作，严禁合闸”牌，并有专人监护。

3. 混凝土振动器安全操作要求

常用的混凝土振动器有插入式和平板式。

(1)振动器应安装漏电保护装置，保护接零应牢固可靠。作业时操作人员应穿戴绝缘胶鞋和绝缘手套。

(2)使用前,应检查各部位无损伤,并确认连接牢固,旋转方向正确。

(3)电缆线应满足操作所需的长度。严禁用电缆线拖拉或吊挂振动器。振动器不得在初凝的混凝土、地板、脚手架和干硬的地面上进行试振。在检修或作业间断时,应断开电源。

(4)作业时,振动棒软管的弯曲半径不得小于500mm,并不得多于两个弯,操作时应将振动棒垂直地沉入混凝土,不得用力硬插、斜推或让钢筋夹住棒头,也不得全部插入混凝土中,插入深度不应超过棒长的3/4,不宜触及钢筋、芯管及预埋件。

(5)作业停止需移动振动器时,应先关闭电动机,再切断电源。不得用软管拖拉电动机。

(6)平板式振动器工作时,应使平板与混凝土保持接触,待表面出浆,不再下沉后,即可缓慢移动;运转时,不得搁置在已凝或初凝的混凝土上。

(7)移动平板式振动器应使用干燥绝缘的拉绳,不得用脚踢电动机。

4. 钢筋切断机安全操作要求

(1)机械未达到正常转速时,不得切料。切料时,应使用切刀的中、下部位,紧握钢筋对准刃口迅速投入,操作者应站在固定刀片一侧用力压住钢筋,应防止钢筋末端弹出伤人。严禁用两手在刀片两边握住钢筋俯身送料。

(2)不得剪切直径及强度超过机械铭牌规定的钢筋和烧红的钢筋。一次切断多根钢筋时,其总截面积应在规定范围内。

(3)切断短料时,手和切刀之间的距离应保持在150mm以上,如手握端小于400mm时,应采用套管或夹具将钢筋短头压住或夹牢。

(4)运转中严禁用手直接清除切刀附近的断头和杂物。钢筋摆动周围和切刀周围,不得停留非操作人员。

5. 钢筋弯曲机安全操作要求

(1)应按加工钢筋的直径和弯曲半径的要求,装好相应规格的芯轴和成型轴、挡铁轴。芯轴直径应为钢筋直径的 2.5 倍。挡铁轴应有轴套,挡铁轴的直径和强度不得小于被弯钢筋的直径和强度。

(2)作业时,应将钢筋需弯曲一端插入转盘固定销的间隙内,另一端紧靠机身固定销,并用手压紧;应检查机身固定销并确认安放在挡住钢筋的一侧,方可开动。

(3)作业中,严禁更换轴芯、销子和变换角度以及调整,也不得进行清扫和加油。

(4)对超过机械铭牌规定直径的钢筋严禁进行弯曲。不直的钢筋不得在弯曲机上弯曲。

(5)在弯曲钢筋的作业半径内和机身不设固定销的一侧严禁站人。

(6)转盘换向时,应待停稳后进行。

(7)作业后,应及时清除转盘及插入座孔内的铁锈、杂物等。

6. 钢筋调直切断机安全操作要求

(1)应按调直钢筋的直径,选用适当的调直块及传动速度。调直块的孔径应比钢筋直径大 2～5mm,传动速度应根据钢筋直径选用,直径大的宜选用慢速,经调试合格,方可作业。

(2)在调直块未固定、防护罩未盖好前不得送料。作业中严禁打开各部防护罩并调整间隙。

(3)当钢筋送入后,手与轮应保持一定的距离,不得接近。

(4)送料前应将不直的钢筋端头切除。导向筒前应安装一根 1m 长的钢管,钢筋应穿过钢管再送入调直机前端的导孔内。

7. 钢筋冷拉安全操作要求

(1)卷扬机的位置应使操作人员能见到全部的冷拉场地,卷扬机与冷拉中线的距离不得少于 5m。

(2)冷拉场地应在两端地锚外侧设置警戒区,并应安装防护栏及醒目的警示标志。严禁非作业人员在此停留。操作人员在作业时必须离开钢筋 2m 以外。

(3)卷扬机操作人员必须看到指挥人员发出的信号,并待所有的人员离开危险区后方可作业。冷拉应缓慢、均匀。当有停车信号或有人进入危险区时,应立即停拉,并稍稍放松卷扬机钢丝绳。

(4)夜间作业的照明设施,应装设在张拉危险区外。当需要装设在场地上空时,其高度应超过 5m。灯泡应加防护罩。

8. 圆盘锯安全操作要求

(1)锯片必须平整,锯齿尖锐,不得连续缺齿 2 个,裂纹长度不得超过 20mm。

(2)被锯木料厚度,以锯片能露出木料 10～20mm 为限。

(3)启动后,必须等待转速正常后,方可进行锯料。

(4)关料时,不得将木料左右晃动或者高抬,遇木节要慢送料。锯料长度不小于 500mm。接近端头时,应用推棍送料。

(5)若锯线走偏,应逐渐纠正,不得猛扳。

(6)操作人员不应站在锯片同一直线上操作。手臂不得跨越锯片工作。

9. 蛙式夯实机安全操作要求

(1)夯实作业时,应一人扶夯,一人传递电缆线,且必须戴绝缘手套和穿绝缘鞋。电缆线不得扭结或缠绕,且不得张拉过紧,应保持有3～4m的余量。移动时,应将电缆线移至夯机后方,不得隔机扔电缆线,当转向困难时,应停机调整。

(2)作业时,手握扶手应保持机身平衡,不得用力向后压,并应随时调整行进方向。转弯时不宜用力过猛,不得急转弯。

(3)夯实填高土方时,应在边缘以内100～150mm夯实2～3遍后,再夯实边缘。

(4)在较大基坑作业时,不得在斜坡上夯行,应避免造成夯头后折。

(5)夯实房心土时,夯板应避开房心地下构筑物、钢筋混凝土基桩、机座及地下管道等。

(6)在建筑物内部作业时,夯板或偏心块不得打在墙壁上。

(7)多机作业时,机平列间距不得小于5m,前后间距不得小于10m。

(8)夯机前进方向和夯机四周1m范围内,不得站立非操作人员。

10. 振动冲击夯安全操作要求

(1)内燃冲击夯启动后,内燃机应慢速运转3～5min,然后逐渐加大油门,待夯机跳动稳定后,方可作业。

(2)电动冲击夯在接通电源启动后,应检查电动机旋转方向,有错误时应倒换相联系线。

(3)作业时应正确掌握夯机,不得倾斜,手把不宜握得过紧,能控制夯机前进速度即可。

(4)正常作业时,不得使劲往下压手把,以免影响夯机跳起高度。在较松的填料上作业或上坡时,可将手把稍向下压,增加夯机前进速度。

(5)电动冲击夯操作人员必须戴绝缘手套,穿绝缘鞋。作业时,电缆线不应拉得过紧,应经常检查线头安装,不得松动及引起漏电。严禁冒雨作业。

11. 潜水泵安全操作要求

(1)潜水泵宜先装在坚固的篮筐里再放入水中,亦可在水中将泵的四周设立坚固的防护围网。泵应直立于水中,水深不得小于0.5m,不得在含有泥沙的水中使用。

(2)潜水泵放入水中或提出水面时,应先切断电源,严禁拉拽电缆或出水管。

(3)潜水泵应装设保护接零和漏电保护装置,工作时泵周围30m以内水面,不得有人、畜进入。

(4)应经常观察水位变化,叶轮中心至水平距离应在0.5~3.0m之间,泵体不得陷入污泥或露出水面。电缆不得与井壁、池壁相擦。

(5)每周应测定一次电动机定子绕组的绝缘电阻,其值应无下降。

12. 交流电焊机安全操作要求

(1)外壳必须有保护接零,应有二次空载降压保护器和触电保护器。

(2)电源应使用自动开关,接线板应无损坏,有防护罩。一次线长度不超过5m,二次线长度不得超过30m。

(3)焊接现场10m范围内,不得有易燃、易爆物品。

（4）雨天不得室外作业。在潮湿地点焊接时，要站在胶板或其他绝缘材料上。

（5）移动电焊机时，应切断电源，不得用拖拉电缆的方法移动。当焊接中突然停电时，应立即切断电源。

13. 气焊设备安全操作要求

（1）氧气瓶与乙炔瓶使用时的间距不得小于 5m，存放时的间距不得小于 3m，并且距高温、明火等不得小于 10m；达不到上述要求时，应采取隔离措施。

（2）乙炔瓶存放和使用必须立放，严禁倒放。

（3）在移动气瓶时，应使用专门的抬架或小推车；严禁氧气瓶与乙炔瓶混合搬运；禁止直接使用钢丝绳、链条捆绑搬运。

（4）开关气瓶应使用专用工具。

（5）严禁敲击、碰撞气瓶，作业人员工作时不得吸烟。

第 4 部分　相关法律法规及务工常识

一、相关法律法规(摘录)

1. 中华人民共和国建筑法(摘录)

第三十六条　建筑工程安全生产管理必须坚持安全第一、预防为主的方针,建立健全安全生产的责任制度和群防群治制度。

第四十四条　建筑施工企业必须依法加强对建筑安全生产的管理,执行安全生产责任制度,采取有效措施,防止伤亡和其他安全生产事故的发生。

建筑施工企业的法定代表人对本企业的安全生产负责。

第四十六条　建筑施工企业应当建立健全劳动安全生产教育培训制度,加强对职工安全生产的教育培训;未经安全生产教育培训的人员,不得上岗作业。

第四十七条　建筑施工企业和作业人员在施工过程中,应当遵守有关安全生产的法律、法规和建筑行业安全规章、规程,不得违章指挥或者违章作业。作业人员有权对影响人身健康的作业程序和作业条件提出改进意见,有权获得安全生产所需的防护用品。作业人员对危及生命安全和人身健康的行为有权提出批评、检举和控告。

第四十八条　建筑施工企业应当依法为职工参加工伤保险,缴纳工伤保险费,鼓励企业为从事危险作业的职工办理意外伤害保险，支付保险费。

第五十一条　施工中发生事故时，建筑施工企业应当采取紧急措施减少人员伤亡和事故损失，并按照国家有关规定及时向有关部门报告。

2. 中华人民共和国劳动法（摘录）

第三条　劳动者享有平等就业和选择职业的权利、取得劳动报酬的权利、休息休假的权利、获得劳动安全卫生保护的权利、接受职业技能培训的权利、享受社会保险和福利的权利、提请劳动争议处理的权利以及法律规定的其他劳动权利。劳动者应当完成劳动任务，提高职业技能，执行劳动安全卫生规程，遵守劳动纪律和职业道德。

第十五条　禁止用人单位招用未满十六周岁的未成年人。

第十六条　劳动合同是劳动者与用人单位确立劳动关系、明确双方权利和义务的协议。

建立劳动关系应当订立劳动合同。

第五十四条　用人单位必须为劳动者提供符合国家规定的劳动安全卫生条件和必要的劳动防护用品，对从事有职业危害作业的劳动者应当定期进行健康检查。

第五十五条　从事特种作业的劳动者必须经过专门培训并取得特种作业资格。

第五十六条　劳动者在劳动过程中必须严格遵守安全操作规程。劳动者对用人单位管理人员违章指挥、强令冒险作业，有权拒绝执行；对危害生命安全和身体健康的行为，有权提出批评、检举和控告。

第五十八条　国家对女职工和未成年工实行特殊劳动保护。

未成年工是指年满十六周岁、未满十八周岁的劳动者。

第六十八条　用人单位应当建立职业培训制度，按照国家规定提取和使用职业培训经费，根据本单位实际，有计划地对劳动者进行职业培训。从事技术工种的劳动者，上岗前必须经过培训。

第七十二条　用人单位和劳动者必须依法参加社会保险，缴纳社会保险费。

第七十七条　用人单位与劳动者发生劳动争议，当事人可以依法申请调解、仲裁、提起诉讼，也可协商解决。调解原则适用于仲裁和诉讼程序。

3. 中华人民共和国安全生产法（摘录）

第六条　生产经营单位的从业人员有依法获得安全生产保障的权利，并应当依法履行安全生产方面的义务。

第十七条　生产经营单位应当具备本法和有关法律、行政法规和国家标准或者行业标准规定的安全生产条件；不具备安全生产条件的，不得从事生产经营活动。

第十八条　生产经营单位的主要负责人对本单位安全生产工作负有下列职责：

（一）建立、健全本单位安全生产责任制；

（二）组织制定本单位安全生产规章制度和操作规程；

（三）组织制定并实施本单位安全生产教育和培训计划；

（四）保证本单位安全生产投入的有效实施；

（五）督促、检查本单位的安全生产工作，及时消除生产安全事故隐患；

（六）组织制定并实施本单位的生产安全事故应急救援预案；

（七）及时、如实报告生产安全事故。

第二十五条　生产经营单位应当对从业人员进行安全生产教育和培训，保证从业人员具备必要的安全生产知识，熟悉有关的安全生产规章制度和安全操作规程，掌握本岗位的安全操作技能，了解事故应急处理措施，知悉自身在安全生产方面的权利和义务。未经安全生产教育和培训合格的从业人员，不得上岗作业。

第二十七条　生产经营单位的特种作业人员必须按照国家有关规定经专门的安全作业培训，取得相应资格，方可上岗作业。

特种作业人员的范围由国务院安全生产监督管理部门会同国务院有关部门确定。

第四十一条　生产经营单位应当教育和督促从业人员严格执行本单位的安全生产规章制度和安全操作规程；并向从业人员如实告知作业场所和工作岗位存在的危险因素、防范措施以及事故应急措施。

第四十二条　生产经营单位必须为从业人员提供符合国家标准或者行业标准的劳动防护用品，并监督、教育从业人员按照使用规则佩戴、使用。

第四十四条　生产经营单位应当安排用于配备劳动防护用品、进行安全生产培训的经费。

第四十八条　生产经营单位必须依法参加工伤保险，为从业人员缴纳保险费。

国家鼓励生产经营单位投保安全生产责任保险。

第四十九条　生产经营单位与从业人员订立的劳动合同，应当载明有关保障从业人员劳动安全、防止职业危害的事项，以及依法为从业人员办理工伤保险的事项。

生产经营单位不得以任何形式与从业人员订立协议，免除或者减轻其对从业人员因生产安全事故伤亡依法应承担的责任。

第五十条 生产经营单位的从业人员有权了解其作业场所和工作岗位存在的危险因素、防范措施及事故应急措施，有权对本单位的安全生产工作提出建议。

第五十一条 从业人员有权对本单位安全生产工作中存在的问题提出批评、检举、控告，有权拒绝违章指挥和强令冒险作业。

生产经营单位不得因从业人员对本单位安全生产工作提出批评、检举、控告或者拒绝违章指挥、强令冒险作业而降低其工资、福利等待遇，或者解除与其订立的劳动合同。

第五十二条 从业人员发现直接危及人身安全的紧急情况时，有权停止作业或者在采取可能的应急措施后撤离作业场所。

生产经营单位不得因从业人员在前款紧急情况下停止作业或者采取紧急撤离措施而降低其工资、福利等待遇或者解除与其订立的劳动合同。

第五十三条 因生产安全事故受到损害的从业人员，除依法享有工伤保险外，依照有关民事法律尚有获得赔偿的权利的，有权向本单位提出赔偿要求。

第五十四条 从业人员在作业过程中，应当严格遵守本单位的安全生产规章制度和操作规程，服从管理，正确佩戴和使用劳动防护用品。

第五十五条 从业人员应当接受安全生产教育和培训，掌握本职工作所需的安全生产知识，提高安全生产技能，增强事故预防和应急处理能力。

第五十六条 从业人员发现事故隐患或者其他不安全因

素，应当立即向现场安全生产管理人员或者本单位负责人报告；接到报告的人员应当及时予以处理。

4. 建设工程安全生产管理条例（摘录）

第十八条　施工起重机械和整体提升脚手架、模板等自升式架设设施的使用达到国家规定的检验、检测期限的，必须经具有专业资质的检验、检测机构检测。经检测不合格的，不得继续使用。

第二十五条　垂直运输机械作业人员、安装拆卸工、爆破作业人员、起重信号工、登高架设作业人员等特种作业人员，必须按照国家有关规定经过专门的安全作业培训，并取得特种作业操作资格证书后，方可上岗作业。

第二十七条　建设工程施工前，施工单位负责项目管理的技术人员应当对有关安全施工的技术要求向施工作业班组、作业人员做出详细说明，并由双方签字确认。

第二十八条　施工单位应当在施工现场入口处、施工起重机械、临时用电设施、脚手架、出入通道口、楼梯口、电梯井口、孔洞口、桥梁口、隧道口、基坑边沿、爆破物及有害危险气体和液体存放处等危险部位，设置明显的安全警示标志。安全标志必须符合国家标准。

第二十九条　施工单位应当将施工现场的办公、生活区与作业区分开设置，并保持安全距离；办公、生活区的选择应当符合安全性要求。职工的膳食、饮水、休息场所等应当符合卫生标准。施工单位不得在尚未竣工的建筑物内设置员工集体宿舍。

施工现场临时搭建的建筑物应当符合安全使用要求。施工现场使用的装配式活动房屋应当具有产品合格证。

第三十二条　施工单位应当向作业人员提供安全防护用具

和安全防护服装，并书面告知危险岗位的操作规程和违章操作的危害。

作业人员有权对施工现场的作业条件、作业程序和作业方式中存在的安全问题提出批评、检举和控告，有权拒绝违章指挥和强令冒险作业。

在施工中发生危及人身安全的紧急情况时，作业人员有权立即停止作业或者在采取必要的应急措施后撤离危险区域。

第三十三条　作业人员应当遵守安全施工的强制性标准、规章制度和操作规程，正确使用安全防护用具、机械设备等。

第三十六条　施工单位应当对管理人员和作业人员每年至少进行一次安全生产教育培训，其教育培训情况记入个人工作档案。安全生产教育培训考核不合格的人员，不得上岗。

第三十七条　作业人员进入新的岗位或者新的施工现场前，应当接受安全生产教育培训。未经教育培训或者教育培训考核不合格的人员，不得上岗作业。

施工单位在采用新技术、新工艺、新设备、新材料时，应当对作业人员进行相应的安全生产教育培训。

第三十八条　施工单位应当为施工现场从事危险作业的人员办理意外伤害保险。

意外伤害保险费由施工单位支付。

5. 工伤保险条例（摘录）

第二条　中华人民共和国境内的企业、事业单位、社会团体、民办非企业单位、基金会、律师事务所、会计师事务所等组织和有雇工的个体工商户（以下称用人单位）应当依照本条例规定参加工伤保险，为本单位全部职工或者雇工（以下称职工）缴纳工伤保险费。

中华人民共和国境内的企业、事业单位、社会团体、民办非企业单位、基金会、律师事务所、会计师事务所等组织的职工和个体工商户的雇工，均有依照本条例的规定享受工伤保险待遇的权利。

第十条　用人单位应当按时缴纳工伤保险费。职工个人不缴纳工伤保险费。

第二十一条　职工发生工伤，经治疗伤情相对稳定后存在残疾、影响劳动能力的，应当进行劳动能力鉴定。

第三十条　职工因工作遭受事故伤害或者患职业病进行治疗，享受工伤医疗待遇……

二、务工就业及社会保险

1. 劳动合同

(1)用人单位应当依法与劳动者签订劳动合同。

劳动合同是劳动者与用人单位确立劳动关系、明确双方权利和义务的协议。建立劳动关系应当订立劳动合同。订立和变更劳动合同，应遵循平等自愿、协商一致的原则，不得违反法律、行政法规的规定。劳动合同应当具备以下必备条款：

①劳动合同期限。即劳动合同的有效时间。

②工作内容。即劳动者在劳动合同有效期内所从事的工作岗位(工种)，以及工作应达到的数量、质量指标或者应当完成的任务。

③劳动保护和劳动条件。即为了保障劳动者在劳动过程中的安全、卫生及其他劳动条件，用人单位根据国家有关法律、法规而采取的各项保护措施。

④劳动报酬。即在劳动者提供了正常劳动的情况下，用人

单位应当支付的工资。

⑤劳动纪律。即劳动者在劳动过程中必须遵守的工作秩序和规则。

⑥劳动合同终止的条件。即除了期限以外其他由当事人约定的特定法律事实，这些事实一出现，双方当事人之间的权利义务关系终止。

⑦违反劳动合同的责任。即当事人不履行劳动合同或者不完全履行劳动合同，所应承担的相应法律责任。

(2)试用期应包括在劳动合同期限之中。

根据《中华人民共和国劳动法》(以下简称《劳动法》)规定，用人单位与劳动者签订的劳动合同期限可以分为三类：

①有固定期限，即在合同中明确约定效力期间，期限可长可短，长到几年、十几年，短到一年或者几个月。

②无固定期限，即劳动合同中只约定了起始日期，没有约定具体终止日期。无固定期限劳动合同可以依法约定终止劳动合同条件，在履行中只要不出现约定的终止条件或法律规定的解除条件，一般不能解除或终止，劳动关系可以一直存续到劳动者退休为止。

③以完成一定的工作为期限，即以完成某项工作或者某项工程为有效期限，该项工作或者工程一经完成，劳动合同即终止。

签订劳动合同可以不约定试用期，也可以约定试用期，但试用期最长不得超过6个月。劳动合同期限在6个月以下的，试用期不得超过15日；劳动合同期限在6个月以上1年以下的，试用期不得超过30日；劳动合同期限在1年以上2年以下的，试用期不得超过60日。试用期包括在劳动合同期限中。非全日制劳动合同，不得约定试用期。

(3)订立劳动合同时,用人单位不得向劳动者收取定金、保证金或扣留居民身份证。

根据劳动保障部《劳动力市场管理规定》,禁止用人单位招用人员时向求职者收取招聘费用、向被录用人员收取保证金或抵押金、扣押被录用人员的身份证等证件。用人单位违反规定的,由劳动保障行政部门责令改正,并可处以1000元以下罚款;对当事人造成损害的,应承担赔偿责任。

(4)劳动者不必履行无效的劳动合同。

①无效的劳动合同是指不具有法律效力的劳动合同。根据《劳动法》的规定,下列劳动合同无效:

a. 违反法律、行政法规的劳动合同。

b. 采取欺诈、威胁等手段订立的劳动合同。劳动合同的无效,由劳动争议仲裁委员会或者人民法院确认。无效的劳动合同,从订立的时候起,就没有法律约束力。也就是说,劳动者自始至终都无须履行无效劳动合同。确认劳动合同部分无效的,如果不影响其余部分的效力,其余部分仍然有效。

②由于用人单位的原因订立的无效合同,对劳动者造成损害的,应当承担赔偿责任。具体包括:

a. 造成劳动者工资收入损失的,按劳动者本人应得工资收入支付给劳动者,并加付应得工资收入25%的赔偿费用。

b. 造成劳动者劳动保护待遇损失的,应按国家规定补足劳动者的劳动保护津贴和用品。

c. 造成劳动者工伤、医疗待遇损失的,除按国家规定为劳动者提供工伤、医疗待遇外,还应支付劳动者相当于医疗费用25%的赔偿费用。

d. 造成女职工和未成年工身体健康损害的,除按国家规定提供治疗期间的医疗待遇外,还应支付相当于其医疗费用25%

的赔偿费用。

e. 劳动合同约定的其他赔偿费用。

(5)用人单位不得随意变更劳动合同。

劳动合同的变更，是指劳动关系双方当事人就已订立的劳动合同的部分条款达成修改、补充或者废止协定的法律行为。《劳动法》规定，变更劳动合同，应当遵循平等自愿、协商一致的原则，不得违反法律、行政法规的规定。经双方协商同意依法变更后的劳动合同继续有效，对双方当事人都有约束力。

(6)解除劳动合同应当符合《劳动法》的规定。

劳动合同的解除，是指劳动合同有效成立后至终止前这段时期内，当具备法律规定的劳动合同解除条件时，因用人单位或劳动者一方或双方提出，而提前解除双方的劳动关系。根据《劳动法》的规定，劳动者可以和用人单位协商解除劳动合同，也可以在符合法律规定的情况下单方解除劳动合同。

①劳动者单方解除。

a.《劳动法》第三十一条规定：劳动者解除劳动合同，应当提前三十日以书面形式通知用人单位。这是劳动者解除劳动合同的条件和程序。劳动者提前三十日以书面形式通知用人单位解除劳动合同，无须征得用人单位的同意，用人单位应及时办理有关解除劳动合同的手续。但由于劳动者违反劳动合同的有关约定而给用人单位造成经济损失的，应依据有关规定和劳动合同的约定，由劳动者承担赔偿责任。

b.《劳动法》第三十二条规定：有下列情形之一的，劳动者可以随时通知用人单位解除劳动合同：

(a)在试用期内的；

(b)用人单位以暴力、威胁或者非法限制人身自由的手段强迫劳动的；

(c)用人单位未按照劳动合同约定支付劳动报酬或者提供劳动条件的。

②用人单位单方解除。

a.《劳动法》第二十五条规定，劳动者有下列情形之一的，用人单位可以解除劳动合同：

(a)在试用期间被证明不符合录用条件的；

(b)严重违反劳动纪律或者用人单位规章制度的；

(c)严重失职、营私舞弊，对用人单位利益造成重大损害的；

(d)被依法追究刑事责任的。

b.《劳动法》第二十六条规定：有下列情形之一的，用人单位可以解除劳动合同，但是应当提前三十日以书面形式通知劳动者本人：

(a)劳动者患病或者非因工负伤，医疗期满后，既不能从事原工作也不能从事由用人单位另行安排的工作的；

(b)劳动者不能胜任工作，经过培训或者调整工作岗位，仍不能胜任工作的；

(c)劳动合同订立时所依据的客观情况发生重大变化，致使原劳动合同无法履行，经当事人协商不能就变更劳动合同达成协议的。

c.《劳动法》第二十七条规定：用人单位濒临破产进行法定整顿期间或者生产经营状况发生严重困难，确需裁减人员的，应当提前三十日向工会或者全体职工说明情况，听取工会或者职工的意见，经向劳动保障行政部门报告后，可以裁减人员。并且规定，用人单位自裁减人员之日起六个月内录用人员的，应当优先录用被裁减的人员。

(7)用人单位解除劳动合同应当依法向劳动者支付经济补偿金。

根据《劳动法》规定，在下列情况下，用人单位解除与劳动者的劳动合同，应当根据劳动者在本单位的工作年限，每满一年发给相当于一个月工资的经济补偿金：

①经劳动合同当事人协商一致，由用人单位解除劳动合同的。

②劳动者不能胜任工作，经过培训或者调整工作岗位仍不能胜任工作，由用人单位解除劳动合同的。

以上两种情况下支付经济补偿金，最多不超过12个月。

③劳动合同订立时所依据的客观情况发生了重大变化，致使原劳动合同无法履行，经当事人协商不能就变更劳动合同达成协议，由用人单位解除劳动合同的。

④用人单位濒临破产进行法定整顿期间或者生产经营状况发生严重困难，必须裁减人员，由用人单位解除劳动合同的。

⑤劳动者患病或者非因工负伤，经劳动鉴定委员会确认不能从事原工作，也不能从事用人单位另行安排的工作而解除劳动合同的；在这类情况下，同时应发给不低于6个月工资的医疗补助费。劳动者患重病或者绝症的还应增加医疗补助费，患重病的增加部分不低于医疗补助费的50%，患绝症的增加部分不低于医疗补助费的100%。

另外，用人单位解除劳动者劳动合同后，未按以上规定给予劳动者经济补偿的，除必须全额发给经济补偿金外，还须按欠发经济补偿金数额的50%支付额外经济补偿金。

经济补偿金应当一次性发给。劳动者在本单位工作时间不满一年的按一年的标准计算。计算经济补偿金的工资标准是企业正常生产情况下，劳动者解除合同前12个月的月平均工资；在以上第③、④、⑤类情况下，给予经济补偿金的劳动者月平均工资低于企业月平均工资的，应按企业月平均工资支付。

(8)用人单位不得随意解除劳动合同。

《劳动法》及《违反〈劳动法〉有关劳动合同规定的赔偿办法》(劳部发[1995]223号)规定,用人单位不得随意解除劳动合同。用人单位违法解除劳动合同的,由劳动保障行政部门责令改正;对劳动者造成损害的,应当承担赔偿责任。具体赔偿标准是:

①造成劳动者工资收入损失的,按劳动者本人应得工资收入支付劳动者,并加付应得工资收入25%的赔偿费用。

②造成劳动者劳动保护待遇损失的,应按国家规定补足劳动者的劳动保护津贴和用品。

③造成劳动者工伤、医疗待遇损失的,除按国家规定为劳动者提供工伤、医疗待遇外,还应支付劳动者相当于医疗费用25%的赔偿费用。

④造成女职工和未成年工身体健康损害的,除按国家规定提供治疗期间的医疗待遇外,还应支付相当于其医疗费用25%的赔偿费用。

⑤劳动合同约定的其他赔偿费用。

2. 工资

(1)用人单位应该按时足额支付工资。

《劳动法》中的"工资"是指用人单位依据国家有关规定或劳动合同的约定,以货币形式直接支付给本单位劳动者的劳动报酬,一般包括计时工资、计件工资、奖金、津贴和补贴、延长工作时间的工资报酬以及特殊情况下支付的工资等。

(2)用人单位不得克扣劳动者工资。

《劳动法》以及《违反〈中华人民共和国劳动法〉行政处罚办法》等规定,用人单位不得克扣劳动者工资。用人单位克扣劳动者工资的,由劳动保障行政部门责令支付劳动者的工资报酬,并加发相当于工资报酬 25％的经济补偿金。并可责令用人单位按相当于支付劳动者工资报酬、经济补偿总和的一至五倍支付劳动者赔偿金。

"克扣工资"是指用人单位无正当理由扣减劳动者应得工资（即在劳动者已提供正常劳动的前提下，用人单位按劳动合同规定的标准应当支付给劳动者的全部劳动报酬）。

(3)用人单位不得无故拖欠劳动者工资。

《劳动法》以及《违反〈中华人民共和国劳动法〉行政处罚办法》等规定，用人单位无故拖欠劳动者工资的，由劳动保障行政部门责令支付劳动者的工资报酬，并加发相当于工资报酬 25％的经济补偿金。并可责令用人单位按相当于支付劳动者工资报酬、经济补偿总和的一至五倍支付劳动者赔偿金。

"无故拖欠工资"是指用人单位无正当理由超过规定付薪时间未支付劳动者工资。

(4)农民工工资标准。

①在劳动者提供正常劳动的情况下，用人单位支付的工资不得低于当地最低工资标准。

根据《劳动法》、劳动保障部《最低工资规定》等规定，在劳动者提供正常劳动的情况下，用人单位应支付给劳动者的工资在剔除下列各项以后，不得低于当地最低工资标准：

a. 延长工作时间工资。

b. 中班、夜班、高温、低温、井下、有毒有害等特殊工作环境条件下的津贴。

c. 法律、法规和国家规定的劳动者福利待遇等。

实行计件工资或提成工资等工资形式的用人单位，在科学合理的劳动定额基础上，其支付劳动者的工资不得低于相应的最低工资标准。

用人单位违反以上规定的，由劳动保障行政部门责令其限期补发所欠劳动者工资，并可责令其按所欠工资的一至五倍支付劳动者赔偿金。

②在非全日制劳动者提供正常劳动的情况下，用人单位支付的小时工资不得低于当地小时工资最低标准。

劳动保障部《最低工资规定》《关于非全日制用工若干问题的意见》规定，非全日制用工是指以小时计酬、劳动者在同一用人单位平均每日工作时间不超过 5h、累计每周工作时间不超过 30h 的用工形式。用人单位应当按时足额支付非全日制劳动者的工资，具体可以按小时、日、周或月为单位结算。在非全日制劳动者提供正常劳动的情况下，用人单位支付的小时工资不得低于当地小时工资最低标准。非全日制用工的小时工资最低标准由省、自治区、直辖市规定。

③用人单位安排劳动者加班加点应依法支付加班加点工资。

《劳动法》以及《违反〈中华人民共和国劳动法〉行政处罚办法》等规定，用人单位安排劳动者加班加点应依法支付加班加点工资。用人单位拒不支付加班加点工资的，由劳动保障行政部门责令支付劳动者的工资报酬，并加发相当于工资报酬 25％的经济补偿金。并可责令用人单位按相当于支付劳动者工资报酬、经济补偿总和的一至五倍支付劳动者赔偿金。

劳动者日工资可统一按劳动者本人的月工资标准除以每月制度工作天数进行折算。职工全年月平均工作天数和工作时间分别为 20.92 天和 167.4h，职工的日工资和小时工资按此进行折算。

3. 社会保险

(1)农民工有权参加基本医疗保险。

根据国家有关规定，各地要逐步将与用人单位形成劳动关系的农村进城务工人员纳入医疗保险范围。根据农村进城务工人员的特点和医疗需求,合理确定缴费率和保障方式,解决他们在务工期间的大病医疗保障问题,用人单位要按规定为其缴纳医疗保险费。对在城镇从事个体经营等灵活就业的农村进城务工人员,可以按照灵活就业人员参保的有关规定参加医疗保险。据此,在已经将农民工纳入医疗保险范围的地区,农民工有权参加医疗保险,用人单位和农民工本人应依法缴纳医疗保险费,农民工患病时,可以按照规定享受有关医疗保险待遇。

(2)农民工有权参加基本养老保险。

按照国务院《社会保险费征缴暂行条例》等有关规定,基本养老保险覆盖范围内的用人单位的所有职工,包括农民工,都应该参加养老保险,履行缴费义务。参加养老保险的农民合同制职工,在与企业终止或解除劳动关系后,由社会保险经办机构保留其养老保险关系,保管其个人账户并计息。凡重新就业的,应接续或转移养老保险关系;也可按照省级政府的规定,根据农民合同制职工本人申请,将其个人账户个人缴费部分一次性支付给本人,同时终止养老保险关系。农民合同制职工在男年满60周岁、女年满55周岁时,累计缴费年限满15年以上的,可按规定领取基本养老金;累计缴费年限不满15年的,其个人账户全部储存额一次性支付给本人。

(3)农民工有权参加失业保险。

根据《失业保险条例》规定,城镇企业事业单位招用的农民合同制工人应该参加失业保险,用人单位按规定为农民工缴纳社会保险费,农民合同制工人本人不缴纳失业保险费。单位招用的农民合同制工人连续工作满1年,本单位并已缴纳失业保险费,劳动合同期满未续订或者提前解除劳动合同的,由社会保险经办机构根据其工作时间长短,对其支付一次性生活补助。

补助的办法和标准由省、自治区、直辖市人民政府规定。

(4)用人单位应依法为农民工参加生育保险。

目前我国的生育保险制度还没有普遍建立,各地工作进展不平衡。从各地制定的规定看,有的地区没有将农民工纳入生育保险覆盖范围,有的地区则将农民工纳入了生育保险覆盖范围。如果农民工所在地区将农民工纳入了生育保险覆盖范围,农民工所在单位应按规定为农民工参加生育保险并缴纳生育保险费,符合规定条件的生育农民工依法享受生育保险待遇。

(5)劳动争议与调解处理。

劳动争议,也称劳动纠纷,就是指劳动关系当事人双方(用人单位和劳动者)之间因执行劳动法律、法规或者履行劳动合同以及其他劳动问题而发生劳动权利与义务方面的纠纷。

①劳动争议的范围。劳动争议的内容,是指劳动合同关系中当事人的权利与义务。所以,用人单位与劳动者之间发生的争议不都是劳动争议。只有在争议涉及劳动关系双方当事人在劳动关系中的权利和义务时,它才是劳动争议。劳动争议包括:因开除、除名、辞退职工和职工辞职、自动离职发生的争议;因执行国家有关工资、保险、福利、培训、劳动保护的规定发生的争议;因履行劳动合同发生的争议等。

②劳动争议处理机构。我国的劳动争议处理机构主要有:企业劳动争议调解委员会、各级政府劳动争议仲裁委员会和人民法院。根据《劳动法》等的规定:在用人单位内可以设劳动争议调解委员会,负责调解本单位的劳动争议;在县、市、市辖区应当设立劳动争议仲裁委员会;各级人民法院的民事审判庭负责劳动争议案件的审理工作。

③劳动争议的解决方法。根据我国有关法律、法规的规定,解决劳动争议的方法如下:

a. 协商。劳动争议发生后，双方当事人应当先进行协商，以达成解决方案。

b. 调解。就是企业调解委员会对本单位发生的劳动争议进行调解。从法律、法规的规定看，这并不是必经的程序。但它对于劳动争议的解决却起到很大作用。

c. 仲裁。劳动争议调解不成的，当事人可以向劳动争议仲裁委员会申请仲裁。当事人也可以直接向劳动争议仲裁委员会申请仲裁。当事人从知道或应当知道其权利被侵害之日起60日内，以书面形式向仲裁委员会申请仲裁。仲裁委员会应当自收到申请书之日起7日内做出受理或不予受理的决定。

d. 诉讼。当事人对仲裁裁决不服的，可以自收到仲裁裁决之日起15日内向人民法院起诉。人民法院民事审判庭受理和审理劳动争议案件。

④维护自身权益要注意法定时限。劳动者通过法律途径维护自身权益，一定要注意不能超过法律规定的时限。劳动者通过劳动争议仲裁、行政复议等法律途径维护自身合法权益，或者申请工伤认定、职业病诊断与鉴定等，一定要注意在法定的时限内提出申请。如果超过了法定时限，有关申请可能不会被受理，致使自身权益难以得到保护。主要的时限包括：

a. 申请劳动争议仲裁的，应当在劳动争议发生之日（即当事人知道或应当知道其权利被侵害之日）起60日内向劳动争议仲裁委员会申请仲裁。

b. 对劳动争议仲裁裁决不服、提起诉讼的，应当自收到仲裁裁决书之日起15日内，向人民法院提起诉讼。

c. 申请行政复议的，应当自知道该具体行政行为之日起60日内提出行政复议申请。

d. 对行政复议决定不服、提起行政诉讼的，应当自收到行政复议决定书之日起 15 日内，向人民法院提起行政诉讼。

e. 直接向人民法院提起行政诉讼的，应当在知道做出具体行政行为之日起 3 个月内提出，法律另有规定的除外。因不可抗力或者其他特殊情况耽误法定期限的，在障碍消除后的 10 日内，可以申请延长期限，由人民法院决定。

f. 申请工伤认定的，所在单位应当自事故伤害发生之日或者被诊断、鉴定为职业病之日起 30 日内，向统筹地区劳动保障行政部门提出工伤认定申请。遇有特殊情况，经报劳动保障行政部门同意，申请时限可以适当延长。用人单位未按前款规定提出工伤认定申请的，工伤职工或者其直系亲属、工会组织在事故伤害发生之日或者被诊断、鉴定为职业病之日起 1 年内，可以直接向用人单位所在地统筹地区劳动保障行政部门提出工伤认定申请。

三、工人健康卫生知识

1. 常见疾病的预防和治疗

(1)流行性感冒。

①流行性感冒的传播方式。流行性感冒简称流感，是由流感病毒引起的一种急性呼吸道传染病。流感的传染源主要是患者，病后 1～7 天均有传染性。流感主要通过呼吸道传播，传染性很强，常引起流行。一般常突然发生，迅速蔓延，患者数多。

提示：发生流行性感冒时应注意与病人保持一定距离，以免被传染。

②流行性感冒的症状。流感的症状与感冒类似，主要是发热及上呼吸道感染症状，如咽痛、鼻塞、流鼻涕、打喷嚏、咳嗽等。流感的全身症状重，而局部症状很轻。

③流行性感冒的预防。

a. 最主要的是注射流感疫苗，疫苗应于流感流行前1～2个月注射。因流感冬季易发，故常于每年10月左右进行注射。

b. 应当尽量避免接触病人，流行期间不到人多的地方去。

c. 增强身体抵抗力最重要，生活规律、适当锻炼、合理营养、精神愉快非常关键。

d. 避免过累、精神紧张、着凉、酗酒等。

(2)细菌性痢疾。

①细菌性痢疾的传播方式。细菌性痢疾(简称菌痢)，是夏秋季节最常见的急性肠道传染病，由痢疾杆菌引起，以结肠化脓性炎症为主要病变。菌痢主要通过粪一口途径传播，即患者大便中的痢疾杆菌可以污染手、食物、水、蔬菜、水果等而进入口中引起感染。细菌性痢疾终年均有发生，但多流行于夏秋季节。人群对此病普遍易感，幼儿及青壮年发病率较高。

②细菌性痢疾的症状。细菌性痢疾病情可轻可重，轻者仅有轻度腹泻，重者可有发热、全身不适、乏力、恶心、呕吐、腹痛、腹泻。腹泻次数由一日数次至十数次不等，患者常有老想解大便可总也解不干净的感觉(里急后重)，患者大便中常有黏液，重者有脓血。

③细菌性痢疾的预防。

a. 做好痢疾患者的粪便、呕吐物的消毒处理，管理好水源，防止病菌污染水源、土壤及农作物；患者使用过的厕所、餐具等也应消毒。

b. 不喝生水，不生吃水产品，蔬菜要洗净、炒熟再吃，水果应洗净削皮后食用。

c. 养成饭前、便后洗手的习惯，不吃被苍蝇、蟑螂叮咬过或爬过的食物，积极做好灭苍蝇、灭蟑螂工作。

d. 加强体育锻炼，增强体质。

重点：注意个人卫生，养成饭前、便后洗手的习惯。

(3)食物中毒。

①细菌性食物中毒的传播方式。细菌性食物中毒是由于进食被细菌或细菌毒素污染的食物而引起的急性感染中毒性疾病。细菌性食物中毒是典型的肠道传染病，发生原因主要有以下几个方面：

a. 食物在宰杀或收割、运输、储存、销售等过程中受到病菌的污染。

b. 被致病菌污染的食物在较高的温度下存放，食品中充足的水分、适宜的酸碱度及营养条件使致病菌大量繁殖或产生毒素。

c. 食品在食用前未烧透或熟食受到生食交叉污染。

d. 在缺氧环境中(如罐头等)肉毒杆菌产生毒素。

②细菌性食物中毒的症状。胃肠型细菌性食物中毒是食物中毒中最常见的一种，是由于食用了被细菌或细菌毒素污染的食物所引起的。绝大多数患者表现为胃肠炎的症状，如恶心、呕吐、腹痛、腹泻、排水样便等。腹泻一天数次到数十次不等，多数是稀水样便，个别人可有黏液血便、血水样便等，极少数患者可以发生败血症。

③细菌性食物中毒的预防。

a. 防止食品污染。加强对污染源的管理，做好牲畜屠宰前后的卫生检验，防止感染；对海鲜类食品应加强管理，防止污染其他食品；要严防食品加工、贮存、运输、销售过程中被病原体污染；食品容器、刀具等应严格生熟分开使用，做好消毒工作，防止交叉污染；生产场所、厨房、食堂等要有防蝇、防鼠设备；严格遵守饮食行业和炊事人员的个人卫生制度；患化脓性病症和上呼吸道感染的患者，在治愈前不应参加接触食品的工作。

b. 控制病原体繁殖及外毒素的形成。食品应低温保存或放在阴凉通风处，食品中加盐量达10%也可有效控制细菌繁殖及毒素形成。

c. 彻底加热杀灭细菌及破坏毒素。这是防止食物中毒的重要措施，要彻底杀灭肉中的病原体，肉块不应太大，加热时其内部温度可以达到80℃，这样持续12min就可将细菌杀死。

d. 凡是食品在加工和保存过程中有厌氧环境存在，均应防止肉毒杆菌的污染，过期罐头——特别是产气罐头（其盖鼓起）均勿食用。

（4）病毒性肝炎。

①病毒性肝炎的类型。病毒性肝炎是由多种肝炎病毒引起的，以肝脏损害为主的一组全身性传染病。按病原体分类，目前已确定的有甲型肝炎、乙型肝炎、丙型肝炎、丁型肝炎、戊型肝炎。通过实验诊断排除上述类型的肝炎者，称为“非甲—戊型肝炎”。

②病毒性肝炎的传染源。

a. 甲型肝炎无病毒携带状态，传染源为急性期患者和隐性感染者。粪便排毒期在起病前2周至血清转氨酶高峰期后1周，少数患者延长至病后30天。

b. 乙型肝炎属于常见传染病，可通过母婴、血液和体液传播。传染源主要是急、慢性乙型肝炎患者和病毒携带者。急性患者在潜伏期末及急性期有传染性，但不超过6个月。慢性患者和病毒携带者作为传染源预防的意义重大。

c. 丙型肝炎的传染源是急、慢性患者和无症状病毒携带者。

d. 丁型肝炎的传染源与乙型肝炎相似。

e. 戊型肝炎的传染源与甲型肝炎相似。

③病毒性肝炎的症状。

a. 疲乏无力、懒动、下肢酸困不适，稍加活动则难以支持。

b. 食欲不振、食欲减退、厌油、恶心、呕吐及腹胀，往往食后加重。

c. 部分病人尿黄、尿色如浓茶，大便色淡或灰白，腹泻或便秘。

d. 右上腹部有持续性腹痛，个别病人可呈针刺样或牵拉样疼痛，于活动、久坐后加重，卧床休息后可缓解，右侧卧时加重，左侧卧时减轻。

e. 医生检查可有肝脏肿大、压痛、肝区叩击痛、肝功能损害，部分病例出现发热及黄疸表现。

f. 血清谷丙转氨酶及血中总胆红素升高有助于诊断，也可进一步做血清免疫学检查及明确肝炎类型。

④病毒性肝炎的预防。病毒性肝炎预防应采取以切断传播途径为重点的综合性措施。

对甲型、戊型肝炎，重点抓好水源保护、饮水消毒、食品加工、粪便管理等，切断粪—口途径传播，注意个人卫生，饭前、便后洗手，不喝生水，生吃瓜果要洗净。对于急性病如甲型和戊型肝炎病人接触的易感人群，应注射人血丙种球蛋白，注射时间越早越好。

对乙型、丙型和丁型肝炎，重点在于防止通过血液和体液的传播，各种医疗及预防注射，应实行一人一针一管，对带血清的污染物应严格消毒，对血液和血液制品应严格检测。对学龄前儿童和密切接触者，应接种乙肝疫苗；乙肝疫苗和乙肝免疫球蛋白联合应用可有效地阻断母婴传播；医务人员在工作中因医疗意外或医疗操作不慎感染乙肝病毒，应立即注射免疫球蛋白。

2. 职业病的预防和治疗

(1)职业病定义。

所谓职业病，是指企业、事业单位和个体经济组织的劳动者在职业活动中，因接触粉尘、放射性物质和其他有毒、有害物质等因素而引起的疾病。对于患职业病的，我国法律规定，应属于工伤，享受工伤待遇。

(2)建筑企业常见的职业病。

①接触各种粉尘引起的尘肺病。

②电焊工尘肺、眼病。

③直接操作振动机械引起的手臂振动病。

④油漆工、粉刷工接触有机材料散发的不良气体引起的中毒。

⑤接触噪声引起的职业性耳聋。

⑥长期超时、超强度地工作，精神长期过度紧张造成相应职业病。

⑦高温中暑等。

(3)职业病鉴定与保障。

劳动者如果怀疑所得的疾病为职业病，应当及时到当地卫生部门批准的职业病诊断机构进行职业病诊断。对诊断结论有异议的，可以在30日内到市级卫生行政部门申请职业病诊断鉴定，鉴定后仍有异议的，可以在15日内到省级卫生行政部门申请再鉴定。被诊断、鉴定为职业病，所在单位应当自被诊断、鉴定为职业病之日起30日内，向统筹地区劳动保障行政部门提出工伤认定申请。

提示：劳动者日常需要注意收集与职业病相关的材料。

(4)职业病的诊断。

根据《中华人民共和国职业病防治法》(以下简称《职业病防治法》)和《职业病诊断与鉴定管理办法》的有关规定,具体程序为:

①职业病诊断应当由省级以上人民政府卫生行政部门批准的医疗卫生机构承担,劳动者可以在用人单位所在地或者本人居住地依法承担职业病诊断的医疗卫生机构进行职业病诊断。

②当事人申请职业病诊断时应当提供以下材料:

a. 职业史、既往史。

b. 职业健康监护档案复印件。

c. 职业健康检查结果。

d. 工作场所历年职业病危害因素检测、评价资料。

e. 诊断机构要求提供的其他必需的有关材料。

③职业病诊断应当依据职业病诊断标准,结合职业病危害接触史、工作场所职业病危害因素检测与评价、临床表现和医学检查结果等资料,综合做出分析。

④职业病诊断机构在进行职业病诊断时,应当组织三名以上取得职业病诊断资格的执业医师进行集体诊断。

⑤职业病诊断机构做出职业病诊断后,应当向当事人出具职业病诊断证明书。职业病诊断证明书应当明确是否患有职业病,对患有职业病的,还应当载明所患职业病的名称、程度(期别)、处理意见和复查时间。

⑥当事人对职业病诊断有异议的,在接到职业病诊断证明书之日起 30 日内,可以向做出诊断的医疗卫生机构所在地的市级卫生行政部门申请鉴定。

⑦当事人申请职业病诊断鉴定时,应当提供以下材料:

a. 职业病诊断鉴定申请书。

b. 职业病诊断证明书。

c. 其他有关资料。职业病诊断鉴定办事机构应当自收到申请资料之日起10日内完成材料审核，对材料齐全的发给受理通知书；材料不全的，通知当事人补充。职业病诊断鉴定办事机构应当在受理鉴定之日起60日内组织鉴定。

⑧鉴定委员会应当认真审查当事人提供的材料，必要时可听取当事人的陈述和申辩，对被鉴定人进行医学检查，对被鉴定人的工作场所进行现场调查取证。

⑨职业病诊断鉴定书应当包括以下内容：

a. 劳动者、用人单位的基本情况及鉴定事由。

b. 参加鉴定的专家情况。

c. 鉴定结论及其依据，如果为职业病，应当注明职业病名称、程度（期别）。

d. 鉴定时间。职业病诊断鉴定书应当于鉴定结束之日起20日内由职业病诊断鉴定办事机构发送给当事人。

（5）劳动者有权利拒绝从事容易发生职业病的工作。

劳动者依法享有保持自己身体健康的权利，因此，对于是否选择从事存在职业病危害的工作，应当由劳动者依照其自己的意愿决定。而要使劳动者能够自行决定是否选择从事该工作，就应当保证劳动者对相关工作内容以及其可能带来的危害有一定的了解。正因为如此，《职业病防治法》规定："用人单位与劳动者订立劳动合同（含聘用合同，下同）时，应当将工作过程中可能产生的职业病危害及其后果、职业病防护措施和待遇等如实告知劳动者，并在劳动合同中写明，不得隐瞒或者欺骗。""劳动者在已订立劳动合同期间因工作岗位或者工作内容变更，从事与所订立劳动合同中未告知的存在职业病危害的作业时，用人单位应当依照前款规定，向劳动者履行如实告知的义务，并协商变更原劳动合同相关条款。""用人单位违反前两款规定的，劳动者有权拒绝从事存在职业病危害的作业，用人单位不得因此解除或者终止与劳动者所订立的劳动合同。”

另外，根据《职业病防治法》的规定，用人单位违反本规定，订立或者变更劳动合同时，未告知劳动者职业病危害真实情况的，由卫生行政部门责令限期改正，给予警告，可以并处 2 万元以上 5 万元以下的罚款。

根据前述规定，如果用人单位没有将工作过程中可能产生的职业病危害及其后果、职业病防护措施和待遇等如实告知劳动者，并在劳动合同中写明，那么劳动者就有权利拒绝从事存在职业病危害的作业，并且用人单位不得因劳动者拒绝从事该作业而解除或者终止劳动者的劳动合同。

(6)患职业病的劳动者有权获得相应的保障。

①患职业病的劳动者有权利获得职业保障。《中华人民共和国劳动合同法》规定，用人单位以下情形不得解除劳动合同：

a. 患职业病或者因工负伤并确认丧失或者部分丧失劳动能力的。

b. 患病或者负伤，在规定的医疗期内的。职业病病人依法享受国家规定的职业病待遇，用人单位对不适宜继续从事原工作的职业病病人，应当调离原岗位，并妥善安置。

②患职业病的劳动者有权利获得医疗保障。《职业病防治法》规定：“职业病病人依法享受国家规定的职业病待遇。用人单位应当按照国家有关规定，安排职业病病人进行治疗、康复和定期检查。”

③患职业病的劳动者有权利获得生活保障。《职业病防治法》规定：“劳动者被诊断患有职业病，但用人单位没有依法参加工伤社会保险的，其医疗和生活保障由最后的用人单位承担。”

④患职业病的劳动者有权利依法获得赔偿。职业病病人除依法享有工伤社会保险外，依照有关民事法律，尚有获得赔偿的权利的，有权向用人单位提出赔偿要求。

(7)职工患职业病后的一次性处理规定。

职工患病后，应当先行治疗，然后进行职业病的诊断和鉴定。如果职工按照《职业病防治法》规定被诊断、鉴定为职业病，必须向劳动保障行政部门提出工伤认定申请，由劳动保障行政部门做出工伤认定。如果职工经治疗伤情相对稳定后存在残疾、影响劳动能力的，还应当进行劳动能力鉴定。最后职工才可按照《工伤保险条例》规定的标准享受工伤保险待遇。

以上程序是职工患职业病后享受工伤待遇所必需的，是切实保障职工合法权益的基础。但在实际生活中，一些用人单位和职工由于不懂工伤法律或者怕麻烦、图省事，在职工患病后就直接约定进行一次性工伤补助，这种做法是不可取的。当然，如果工伤职工愿意，待治愈或病情稳定做出工伤伤残等级鉴定后，可参照有关工伤的规定依法与企业达成一次性领取工伤待遇的相关协议。

(8)治疗职业病的有关费用支付。

首先应当明确的是，检查、治疗、诊断职业病的，劳动者本人不承担相关费用。这些费用依照规定，应当由用人单位负担或者从工伤保险基金中支付。

①职业健康检查费用由用人单位承担。

②救治急性职业病危害的劳动者，或者进行健康检查和医学观察，所需费用由用人单位承担。

③职业病诊断鉴定费用由用人单位承担。

④因职业病进行劳动能力鉴定的，鉴定费从工伤保险基金中支付。

⑤因职业病需要治疗的，相关费用按照工伤的规定处理。

还需要说明的是，不管是职业病还是其他原因发生的工伤，都必须进行彻底的治疗，相关的费用不管花了多少，都应当依法予以报销，即“工伤索赔上不封顶”。

(9)劳动者在职业病防治中须承担的义务。

①认真接受用人单位的职业卫生培训，努力学习和掌握必要的职业卫生知识。

②遵守职业卫生法规、制度、操作规程。

③正确使用与维护职业危害防护设备及个人防护用品。

④及时报告事故隐患。

⑤积极配合上岗前、在岗期间和离岗时的职业健康检查。

⑥如实提供职业病诊断、鉴定所需的有关资料等。

重点：熟知职业安全卫生警示标志，禁止不安全的操作行为，正确使用个人防护用品。

(10)建筑企业常见职业病及预防控制措施。

①接触各种粉尘引起的尘肺病预防控制措施。

作业场所防护措施：加强水泥等易扬尘的材料的存放处、使用处的扬尘防护，任何人不得随意拆除，在易扬尘部位设置警示标志。

个人防护措施：落实相关岗位的持证上岗，给施工作业人员提供扬尘防护口罩，杜绝施工操作人员的超时工作。

②电焊工尘肺、眼病的预防控制措施。

作业场所防护措施：为电焊工提供通风良好的操作空间。

个人防护措施：电焊工必须持证上岗，作业时佩戴有害气体防护口罩、眼睛防护罩，杜绝违章作业，采取轮流作业，杜绝施工操作人员的超时工作。

③直接操作振动机械引起的手臂振动病的预防控制措施。

作业场所防护措施:在作业区设置预防职业病警示标志。

个人防护措施:机械操作工要持证上岗,提供振动机械防护手套,延长换班休息时间,杜绝作业人员的超时工作。

④油漆工、粉刷工接触有机材料散发不良气体引起的中毒预防控制措施。

作业场所防护措施:加强作业区的通风排气措施。

个人防护措施:相关工种持证上岗,给作业人员提供防护口罩,轮流作业,杜绝作业人员的超时工作。

⑤接触噪声引起的职业性耳聋的预防控制措施。

作业场所防护措施:在作业区设置防职业病警示标志,对噪声大的机械加强日常保养和维护,减少噪声污染。

个人防护措施:为施工操作人员提供劳动防护耳塞轮流作业,杜绝施工操作人员的超时工作。

⑥长期超时、超强度地工作,精神长期过度紧张所造成相应职业病的预防控制措施。

作业场所防护措施:提高机械化施工程度,减小工人劳动强度,为职工提供良好的生活、休息、娱乐场所,加强施工现场文明施工。

个人防护措施:不盲目抢工期,即使抢工期也必须安排充足的人员能够按时换班作业,采取 8h 作业换班制度,及时发放工人工资,稳定工人情绪。

⑦高温中暑的预防控制措施。

作业场所防护措施:在高温期间,为职工备足饮用水或绿豆汤、防中暑药品、器材。

个人防护措施:减少工人工作时间,尤其是延长中午休息时间。

提示:工作场所自觉做好个人安全防护。

四、工地施工现场急救知识

施工现场急救基本常识主要包括应急救援基本常识、触电急救知识、创伤救护知识、火灾急救知识、中毒及中暑急救知识以及传染病急救措施等，了解并掌握这些现场急救基本常识，是做好安全工作的一项重要内容。

1. 应急救援基本常识

(1)施工企业应建立企业级重大事故应急救援体系，以及重大事故救援预案。

(2)施工项目应建立项目重大事故应急救援体系，以及重大事故救援预案；在实行施工总承包时，应以总承包单位事故预案为主，各分包队伍也应有各自的事故救援预案。

(3)重大事故的应急救援人员应经过专门的培训，事故的应急救援必须有组织、有计划地进行；严禁在未清楚事故情况下，盲目救援，以免造成更大的伤害。

(4)事故应急救援的基本任务：

①立即组织营救受害人员，组织撤离或者采取其他措施保护危害区域内的其他人员。

②迅速控制事态，并对事故造成的危害进行检测、监测，测定事故的危害区域、危害性质及危害程度。

③消除危害后果，做好现场恢复。

④查清事故原因，评估危害程度。

2. 触电急救知识

触电者的生命能否获救，在绝大多数情况下取决于能否迅速脱离电源和正确地实行人工呼吸和心脏按摩。拖延时间、动作迟缓或救护不当，都可能造成人员伤亡。

(1)脱离电源的方法。

①发生触电事故时，附近有电源开关和电流插销的，可立即将电源开关断开或拔出插销；但普通开关（如拉线开关、单极按钮开关等）只能断一根线，有时不一定关断的是相线，所以不能认为是切断了电源。

②当有电的电线触及人体引起触电，不能采用其他方法脱离电源时，可用绝缘的物体（如干燥的木棒、竹竿、绝缘手套等）将电线移开，使人体脱离电源。

③必要时可用绝缘工具（如带绝缘柄的电工钳、木柄斧头等）切断电线，以切断电源。

④应防止人体脱离电源后造成的二次伤害，如高处坠落、摔伤等。

⑤对于高压触电，应立即通知有关部门停电。

⑥高压断电时，应戴上绝缘手套，穿上绝缘鞋，用相应电压等级的绝缘工具切断开关。

(2)紧急救护基本常识。

根据触电者的情况，进行简单的诊断，并分别处理：

①病人神志清醒，但感到乏力、头昏、心悸、出冷汗，甚至有恶心或呕吐症状。此类病人应使其就地安静休息，减轻心脏负担，加快恢复；情况严重时，应立即小心送往医院检查治疗。

②病人呼吸、心跳尚存在，但神志昏迷。此时，应将病人仰卧，周围空气要流通，并注意保暖；除了要严密观察外，还要做好人工呼吸和心脏挤压的准备工作。

③如经检查发现，病人处于"假死"状态，则应立即针对不同类型的"假死"进行对症处理：如果呼吸停止，应用口对口的人工呼吸法来维持气体交换；如心脏停止跳动，应用体外人工心脏挤

压法来维持血液循环。

a. 口对口人工呼吸法：病人仰卧、松开衣物⟶清理病人口腔阻塞物⟶病人鼻孔朝天、头后仰⟶捏住病人鼻子贴嘴吹气⟶放开嘴鼻换气，如此反复进行，每分钟吹气 12 次，即每 5s 吹气 1 次。

b. 体外心脏挤压法：病人仰卧硬板上⟶抢救者用手掌对病人胸口凹膛⟶掌根用力向下压⟶慢慢向下⟶突然放开，连续操作，每分钟进行 60 次，即每秒一次。

c. 有时病人心跳、呼吸停止，而急救者只有一人时，必须同时进行口对口人工呼吸和体外心脏挤压，此时，可先吹两次气，立即进行挤压 15 次，然后再吹两次气，再挤压，反复交替进行。

3. 创伤救护知识

创伤分为开放性创伤和闭合性创伤。开放性创伤是指皮肤或黏膜的破损，常见的有：擦伤、切割伤、撕裂伤、刺伤、撕脱、烧伤；闭合性创伤是指人体内部组织损伤，而皮肤黏膜没有破损，常见的有：挫伤、挤压伤。

(1)开放性创伤的处理。

①对伤口进行清洗消毒可用生理盐水和酒精棉球，将伤口和周围皮肤上沾染的泥沙、污物等清理干净，并用干净的纱布吸收水分及渗血，再用酒精等药物进行初步消毒。在没有消毒条件的情况下，可用清洁水冲洗伤口，最好用流动的自来水冲洗，然后用干净的布或敷料吸干伤口。

②止血。对于出血不止的伤口，能否做到及时有效地止血，对伤员的生命安危影响较大。在现场处理时，应根据出血类型和部位不同采用不同的止血方法：直接压迫——将手掌通过敷

料直接加压在身体表面的开放性伤口的整个区域;抬高肢体——对于手、臂、腿部严重出血的开放性伤口都应抬高,使受伤肢体高于心脏水平线;压迫供血动脉——手臂和腿部伤口的严重出血,如果应用直接压迫和抬高肢体仍不能止血,就需要采用压迫点止血技术;包扎——使用绷带、毛巾、布块等材料压迫止血,保护伤口,减轻疼痛。

③烧伤的急救。应先去除烧伤源,将伤员尽快转移到空气流通的地方,用较干净的衣服把伤面包裹起来,防止再次污染;在现场,除了化学烧伤可用大量流动清水冲洗外,对创面一般不做处理,尽量不弄破水泡,保护表皮。

(2)闭合性创伤的处理。

①较轻的闭合性创伤,如局部挫伤、皮下出血,可在受伤部位进行冷敷,以防止组织继续肿胀,减少皮下出血。

②如发现人员从高处坠落或摔伤等意外时,要仔细检查其头部、颈部、胸部、腹部、四肢、背部和脊椎,看看是否有肿胀、青紫、局部压疼、骨摩擦声等其他内部损伤。假如出现上述情况,不能对患者随意搬动,需按照正确的搬运方法进行搬运;否则,可能造成患者神经、血管损伤并加重病情。

现场常用的搬运方法有:担架搬运法——用担架搬运时,要使伤员头部向后,以便后面抬担架的人可随时观察其变化;单人徒手搬运法——轻伤者可扶着走,重伤者可让其伏在急救者背上,双手绕颈交叉垂下,急救者用双手自伤员大腿下抱住伤员大腿。

③如怀疑有内伤,应尽早使伤员得到医疗处理;运送伤员时要采取卧位,小心搬运,注意保持呼吸道畅通,注意防止休克。

④运送过程中,如突然出现呼吸、心跳骤停时,应立即进行

人工呼吸和体外心脏挤压法等急救措施。

4. 火灾急救知识

一般地说，起火要有三个条件，即可燃物（木材、汽油等）、助燃物（氧气等）和点火源（明火、烟火、电焊花等）。扑灭初起火灾的一切措施，都是为了破坏已经产生的燃烧条件。

（1）火灾急救的基本要点。

施工现场应有经过训练的义务消防队，发生火灾时，应由义务消防队急救，其他人员应迅速撤离。

①及时报警，组织扑救。全体员工在任何时间、地点，一旦发现起火都要立即报警，并在确保安全前提下参与和组织群众扑灭火灾。

②集中力量，主要利用灭火器材，控制火势，集中灭火力量在火势蔓延的主要方向进行扑救，以控制火势蔓延。

③消灭飞火，组织人力监视火场周围的建筑物、露天物资堆放场所的未尽飞火，并及时扑灭。

④疏散物资，安排人力和设备，将受到火势威胁的物资转移到安全地带，阻止火势蔓延。

⑤积极抢救被困人员。人员集中的场所发生火灾，要有熟悉情况的人做向导，积极寻找和抢救被困的人员。

（2）火灾急救的基本方法。

①先控制，后消灭。对于不可能立即扑灭的火灾，要先控制火势，具备灭火条件时再展开全面进攻，一举消灭。

②救人重于救火。灭火的目的是为了打开救人通道，使被困的人员得到救援。

③先重点，后一般。重要物资和一般物资相比，先保护和抢救重要物资；火势蔓延猛烈方面和其他方面相比，控制火势蔓延

的方面是重点。

④正确使用灭火器材。水是最常用的灭火剂，取用方便，资源丰富，但要注意水不能用于扑救带电设备的火灾。各种灭火器的用途和使用方法如下：

酸碱灭火器：倒过来稍加摇动或打开开关，药剂喷出。适用于扑救油类火灾。

泡沫灭火器：把灭火器筒身倒过来，打开保险销，把喷管口对准火源，拉出拉环，即可喷出。适合于扑救木材、棉花、纸张等火灾，不能扑救电气、油类火灾。

二氧化碳灭火器：一手拿好喇叭筒对准火源，另一手打开开关既可。适合于扑救贵重仪器和设备，不能扑救金属钾、钠、镁、铝等物质的火灾。

干粉灭火器：打开保险销，把喷管口对准火源，拉出拉环，即可喷出。适用于扑救石油产品、油漆、有机溶剂和电气设备等火灾。

⑤人员撤离火场途中被浓烟围困时，应采取低姿势行走或匍匐穿过浓烟，有条件时可用湿毛巾等捂住嘴鼻，以便顺利撤出烟雾区；如无法进行逃生，可向建筑物外伸出衣物或抛出小物件，发出求救信号引起注意。

⑥进行物资疏散时应将参加疏散的员工编成组，指定负责人首先疏散通道，其次疏散物资，疏散的物资应堆放在上风向的安全地带，不得堵塞通道，并要派人看护。

5. 中毒及中暑急救知识

施工现场发生的中毒主要有食物中毒、燃气中毒及毒气中毒；中暑是指人员因处于高温高热的环境而引起的疾病。

(1)食物中毒的救护。

①发现饭后有多人呕吐、腹泻等不正常症状时，尽量让病人大量饮水，刺激喉部使其呕吐。

②立即将病人送往就近医院或打 120 急救电话。

③及时报告工地负责人和当地卫生防疫部门，并保留剩余食品以备检验。

(2)燃气中毒的救护。

①发现有人煤气中毒时，要迅速打开门窗，使空气流通。

②将中毒者转移到室外实行现场急救。

③立即拨打 120 急救电话或将中毒者送往就近医院。

④及时报告有关负责人。

(3)毒气中毒的救护。

①在井(地)下施工中有人发生毒气中毒时，井(地)上人员绝对不要盲目下去救助；必须先向出事点送风，救助人员装备齐全安全保护用具，才能下去救人。

②立即报告工地负责人及有关部门，现场不具备抢救条件时，应及时拨打 110 或 120 电话求救。

(4)中暑的救护。

①迅速转移。将中暑者迅速转移至阴凉通风的地方，解开衣服，脱掉鞋子，让其平卧，头部不要垫高。

②降温。用凉水或 50%酒精擦其全身，直到皮肤发红、血管扩张以促进散热。

③补充水分和无机盐类。能饮水的患者应鼓励其喝足量盐开水或其他饮料，不能饮水者，应予静脉补液。

④及时处理呼吸、循环衰竭。呼吸衰竭时，可注射尼可刹明或山梗茶硷；循环衰竭时，可注射鲁明那钠等镇静药。

⑤医疗条件不完善时，应对患者严密观察，精心护理，送往附近医院进行抢救。

6. 传染病急救措施

由于施工现场的人员较多，如果控制不当，容易造成集体感染传染病。因此需要采取正确的措施加以处理，防止大面积人员感染传染病。

(1)如发现员工有集体发烧、咳嗽等不良症状，应立即报告现场负责人和有关主管部门，对患者进行隔离加以控制，同时启动应急救援方案。

(2)立即把患者送往医院进行诊治，陪同人员必须做好防护隔离措施。

(3)对可能出现病因的场所进行隔离、消毒，严格控制疾病的再次传播。

(4)加强现场员工的教育和管理，落实各级责任制，严格履行员工进出现场登记手续，做好病情的监测工作。

参考文献

[1] 中华人民共和国住房和城乡建设部. 机械设备安装工程施工及验收通用规范(GB 50231—2009)[S]. 北京：中国计划出版社，2009.

[2] 建设部干部学院. 钳工. [M]. 武汉：华中科技大学出版社，2009.

[3] 建设部人事教育司. 工程安装钳工(技师)[M]. 北京：中国建筑工业出版社，2006.

[4] 中华人民共和国住房和城乡建设部. 锻压设备安装工程施工及验收规范(GB 50272—2009)[S]. 北京：中国计划出版社，2009.

[5] 中华人民共和国住房和城乡建设部. 铸造设备安装工程施工及验收规范(GB 50277—2010)[S]. 北京：中国计划出版社，2010.

[6] 中华人民共和国住房和城乡建设部. 压缩机、风机、泵安装工程施工及验收规范(GB 50275—2010)[S]. 北京：中国计划出版社，2010.

[7] 中华人民共和国住房和城乡建设部. 建筑施工安全技术统一规范(GB 50870—2013)[S]. 北京：中国建筑工业出版社，2014.

[8] 徐彬. 钳工(初级)[M]. 北京：机械工业出版社，2014.

[9] 徐彬. 钳工(中级)[M]. 北京：机械工业出版社，2014.

[10] 徐彬. 钳工(高级)[M]. 北京：机械工业出版社，2014.